KB272851

우리는 왜
수학을 알아야 하는가

우리는 왜
수학을 알아야 하는가

초판 1쇄 인쇄일 2026년 2월 20일
초판 1쇄 발행일 2026년 3월 02일

지은이 김주은
펴낸이 조명구
펴낸곳 지식상자
마케팅 조명구

출판등록 2025년 6월 20일 제2025-00008호
주소 파주시 산남로 5-86 2층
전화 (0507)2712-8269 팩스 (031)2179-9023

ISBN 979-11-993333-3-8(03400)

Why Do We Need Mathematics

우리는 왜
수학을 알아야 하는가

김주은 지음 | 박구연 감수

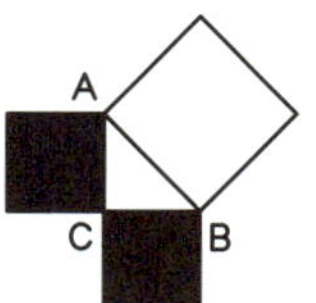 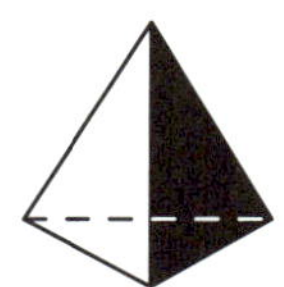 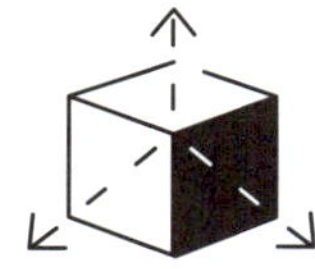  

　수학이라는 말만 들어도 머리가 아프고, "계산은 계산기가 다 하는데 이걸 왜 배워야 하지?"라며 어느 순간 수학에서 멀어졌던 사람들을 위해 이 책을 썼다.

　이 책은 수학을 잘하는 사람을 위한 책이 아니다.

　수학은 못하지만, 사실은 조금 궁금했던 사람을 위한 책이다.

　우리는 학교에서 수학을 늘 문제 푸는 과목으로 배웠다.

　정해진 답을 빠르게 맞히는 연습, 틀리면 점수가 깎이는 계산.

　그래서 수학은 어렵고, 나와는 맞지 않는 세계처럼 느껴졌다.

　하지만 수학의 본모습은 계산보다 훨씬 앞에 있다.

　수학은 복잡한 세상을 이해하기 위해 사람들이 만들어 온 하나의 생각 방식이고, 세상을 읽는 언어다.

　어른이 되고 나서 문득 수학이 다시 궁금해지는 이유도 여기에 있다.

인공지능, 데이터, 알고리즘 같은 말이 일상이 된 지금, 세상은 점점 숫자와 구조로 움직이고 있다.

수학을 잘하지 않아도, 수학적으로 생각할 수 있는 사람은 세상을 조금 더 또렷하게 볼 수 있다. 우리가 교과서에서 외우기만 했던 공식들이 사실은 세상의 변화를 설명하는 이야기였다는 걸 보여준다.

더하기와 빼기는 무엇이 늘고 줄어드는지를 기록하는 방법이고, 곱하기와 나누기는 반복되는 일상을 정리하는 도구다.

점과 선, 면은 우리가 사는 공간을 이해하는 가장 단순한 약속이고, 함수와 미적분은 변화의 방향과 속도를 읽는 눈이다.

확률과 통계는 불확실한 미래를 막연한 감이 아니라 근거 있는 판단으로 바꿔 준다.

이 과정을 따라가다 보면 수학이 나를 평가하던 시험 과목이 아니라, 복잡한 현실에서 핵심을 잡아주는 도구였다는 걸 느끼게 된다.

수학은 우리를 괴롭히기 위해 있는 게 아니다. 세상을 더 깊이, 더 분명하게 이해하도록 돕기 위해 존재한다.

그래서 이 책이 수학과 멀어졌던 사람에게 "아, 내가 살고 있는 세상이 이런 구조였구나"라는 재밌는 사실을 알 수 있도록 부담 없이 말을 걸어보길 바란다.

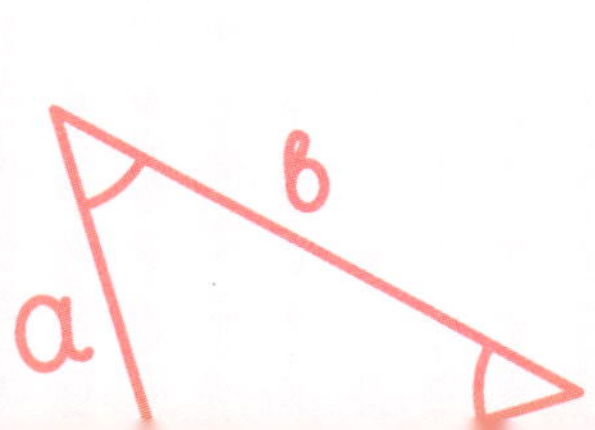
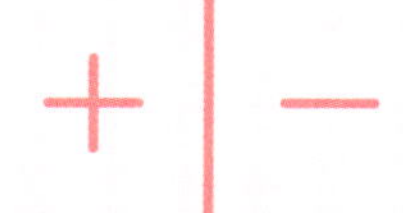

차례

머리말 ... 4

제 1장 우리는 수학을 왜 배워야 할까

1 수학은 사고력 훈련이다 ... 10
2 왜 모든 수학자들은 수학은 정답보다 과정이 중요하다고 할까 ... 16
3 수학을 안다는 것은 세상을 해석하는 힘인 논리적 사고력을 가졌다는 의미 ... 23
4 수학을 알면 무엇이 좋을까? ... 30

제 2장 숫자는 무엇이고, 왜 믿을 수 있을까

1 숫자는 사물인가, 생각인가 ... 38
2 사람들은 왜 0이 필요했을까 ... 45
3 음수는 왜 생겼을까 ... 51
4 점은 어디까지 믿어도 될까 ... 56

제 3장 사칙연산은 왜 그렇게 계산할까

1 존재의 변화를 기록하는 연산, 더하기와 빼기 ... 66
2 반복을 압축한 연산, 곱하기 ... 72
3 쪼개기와 비교하기의 두 얼굴, 나누기 ... 77
4 사칙연산이 섞일 때, 우리가 헷갈리는 이유 ... 82

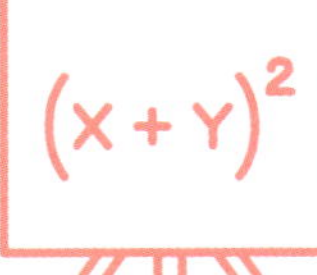

제 4장 도형은 왜 공식보다 먼저 봐야 할까

1 점·선·면이 의미하는 것   88

2 도형은 왜 현실에서 자주 등장하는가   93

3 넓이와 부피는 무엇을 재는가   98

4 기하가 과학과 기술의 기초가 되는 이유   104

제 5장 함수는 왜 갑자기 알파벳으로 바뀌었을까

1 함수는 규칙이다   112

2 입력과 출력이라는 생각   117

3 그래프는 무엇을 보여주는가   122

4 왜 모든 분야에 함수가 등장할까   128

제 6장 통계의 거짓말과 운이 아니라 판단의 문제인 확률

1 통계는 사실을 말하지만, 진실을 말하지는 않는다   136

2 확률은 미래를 맞히는 도구가 아니라 판단을 조정하는 기준이다   142

3 통계가 사람을 속이는 가장 흔한 방식들   148

4 확률을 잘못 읽으면, 통계는 미신이 된다   153

제 7장 미적분은 왜 '변화'를 다루는가

1 미분은 무엇을 보는가   162

2 적분은 왜 '쌓는 것'인가   166

3 변화의 '속도'를 다루는 수학, 미적분   173

4 일상생활에서 미적분이 쓰이는 이유   178

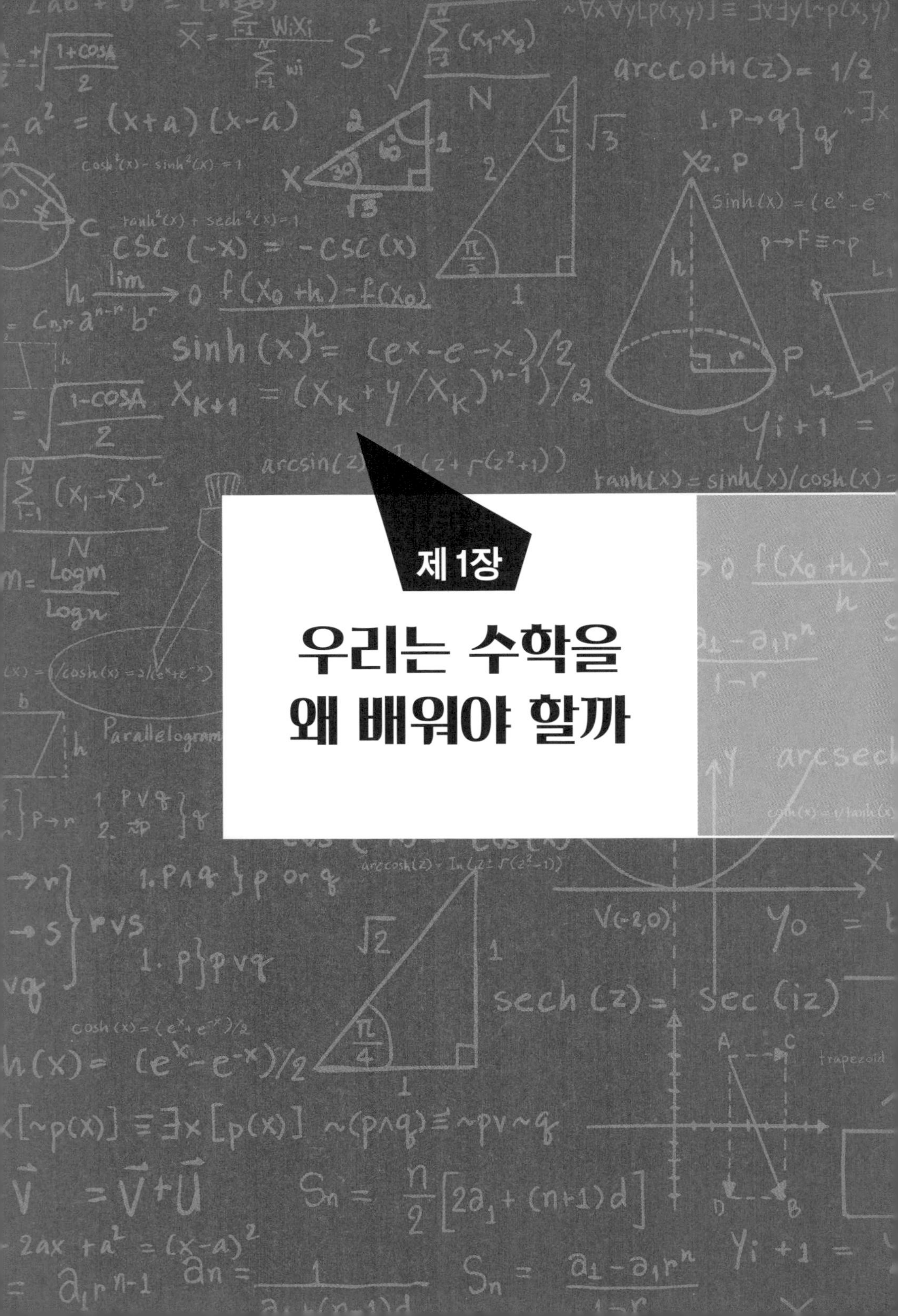
제 1장
우리는 수학을
왜 배워야 할까

수학을 잘해야만 살아갈 수 있는 시대는 아니다.

하지만 수학적 사고 없이 살아가기는 점점 어려워지고 있다.

수학은 계산 능력이 아니라, 생각을 정리하는 도구이기 때문이다.

그렇다면 수학은 삶에서 어떤 역할을 할까?

수학을 다시 배울 이유는 점수가 아니라 이해에 있다.

수학은 사고력 훈련이다

우리는 흔히 수학을 '숫자를 빠르게 다루는 기술'이나 '계산기를 대신하는 노동'으로 오해한다. 그래서 성인이 된 뒤에는 이렇게 말하곤 한다.

"이제 계산기는 다 있는데, 수학을 왜 배웠을까?" 혹은 "미분이나 적분을 실제로 써본 적이 없다."

이런 질문은 매우 자연스럽다. 실제로 많은 사람들이 구글이나 유튜브에 "수학은 왜 배우는가", "수학은 실생활에 어디에 쓰이는가"라는 질문을 반복해서 던진다.

이 질문이 끊임없이 등장한다는 사실 자체가, 우리가 수학의 본질을 제대로 설명받지 못했다는 증거이기도 하다.

수학의 핵심은 계산이 아니다. 수학은 숫자를 잘 다루는 기술이 아니라, 문제를 해결하기 위해 생각을 정리하는 훈련이다. 다시 말해 수학은 '사고력의 체력 훈련'에 가깝다.

운동선수가 실제 경기에서 바벨을 들고 뛰지는 않지만, 헬스장에서 무거운 무게를 견디며 근육을 단련하듯, 우리의 뇌 역시 복잡한 현실을 견디기 위해 반복적인 사고 훈련이 필요하다. 수학은 그 훈련을 가장 체계적으로 제공하는 도구다.

사람들이 수학을 어려워하는 이유는, 수학이 너무 추상적이기 때문이 아니다. 오히려 그 반대다. 수학이 왜 추상적인지, 추상화가 무엇을 위해 필요한지 설명받지 못했기 때문에 어렵게 느껴진다. 많은 학생은 공식을 외우고 문제를 풀지만, 그 공식이 어떤 생각의 과정을 압축한 결과인지는 알지 못한 채 다음 단원으로 넘어간다. 이해가 아닌 '통과'만 반복되면, 수학은 점점 의미 없는 장벽처럼 느껴진다.

운동선수가 좋은 기록을 위해 근육을 단련하듯 우리의 뇌 역시 생활 속 문제들을 해결하기 위해 사고력을 키워야 한다.

인류의 역사를 되돌아보면, 수학은 결코 책상 위에서 시작되지 않았다. 수학적 사고는 생존을 위한 절실한 필요에서 출발했다. 가축의 수를 세고, 사냥의 성과를 비교하고, 씨앗을 언제 뿌려야 할지를 판단하기 위해 사람들은 현실의 대상을 기록할 방법이 필요했다.

그래서 초기 인류는 동물의 뼈에 금을 그어 날짜를 표시하거나, 조약돌을 모아 수량을 대응시켰다. 이것은 단순한 기록이 아니라, 현실을 한 단계 위에서 바라보려는 시도였다.

벨기에 국립박물관에 소장된 '이상고의 뼈(Ishango bone)'는 이러한 사고의 흔적을 잘 보여준다. 약 2만 년 전으로 추정되는 이 뼈에는 일정한 간격의 홈이 새겨져 있는데, 이는 단순한 장식이 아니라 수를 세고 패턴을 인식한 결과로 해석된다.

중요한 점은, 이 행위가 단순히 '몇 개가 있다'를 세는 데서 멈추지 않았다는 사실이다. 현실의 구체적인 대상을 '숫자'라는 기호로 바꾸는 순간, 인간은 처음으로 세상을 추상적으로 다루기 시작했다.

이상고의 뼈

이것이 바로 수학의 핵심 개념인 추상화다.

추상화란 현실을 떠나는 것이 아니라, 현실에서 불필요한 요소를 걷어내고 핵심만 남기는 작업이다.

양의 색깔이나 크기는 중요하지 않고, '몇 마리인가'만 남기는 것. 사과가 크든 작든, '개수'라는 공통된 기준으로 정리하는 것. 수학은 이런 식으로 세상을 단순화하고, 비교 가능하게 만든다.

현대 사회에서도 이 방식은 그대로 작동한다. 기업의 의사결정을 떠올려보자. 수천 페이지의 보고서와 수많은 변수 속에서, 경영자는 몇 개의 핵심 지표를 통해 결정을 내린다.

매출 성장률, 비용 구조, 시장 점유율 같은 숫자는 복잡한 현실을 요약한 결과다. 이는 고대인이 조약돌로 가축의 수를 세던 행위와 본질적으로 다르지 않다. 도구만 달라졌을 뿐, 사고의 구조는 같다.

수학은 또 하나의 중요한 사고방식을 훈련시킨다. 바로 연역적 사고다. 연역적 사고란 이미 알고 있는 사실을 토대로, 새로운 결론을 논리적으로 도출하는 방식이다.

"이 조건이 참이라면, 이런 결과가 나온다"는 사고의 흐름은 수학 전반에 깔려 있다. 이 과정에서 우리는 감정이나 직관에만 의존하지 않고, 근거를 점검하며 판단하는 법을 배운다.

이런 사고 훈련은 뇌의 전두엽을 강하게 자극한다. 전두엽은 계획, 판단, 문제 해결을 담당하는 영역이다.

수학 문제를 풀 때 우리가 답보다 과정을 중요하게 다루는 이유도 여기에 있다. 답을 맞혔는지보다, 어떤 사고 경로를 거쳤는지가 더 중요하다. 그 경로를 따라가며 우리는 생각을 점검하고, 오류를 수정하고, 다른 가능성을 탐색한다.

그래서 많은 사람이 묻는 "미분이나 적분을 언제 쓰나요?"라는 질문은, 절반만 맞는 질문이다. 우리는 미분 공식을 일상에서 직접 쓰지 않을 수도 있다. 그러나 미분과 적분을 배우며 겪는 사고의 임계점 돌파 경험은 사라지지 않는다. 복잡한 문제를 작은 단위로 나누고, 변화의 흐름을 읽고, 누적된 결과를 판단하는 방식은 인생의 수많은 선택 앞에서 반복된다.

수학을 배운다는 것은 정답을 많이 아는 사람이 되는 것이 아니

다. 수학은 생각을 정리하는 법, 문제를 바라보는 틀, 복잡한 상황에서 핵심을 골라내는 힘을 길러준다.

그래서 수학을 잘 모르지만, 왜 배웠는지가 궁금한 사람에게 수학은 이미 끝난 과목이 아니다. 오히려 지금에서야 비로소 의미를 묻기 시작한 학문이다.

그리고 이 책은 바로 그 질문들에서 출발한다.

집합의 원소 개수 $n(A)$

현실 세계의 다양한 대상(집합 A)이 가진 구체적인 특성(색깔, 크기, 모양 등)을 제거하고, 오직 '개수'라는 추상적인 정보로 치환하는 수학적 사고의 시작을 보여준다.

:현실 활용 중요 분야 - 데이터베이스(DB) 및 빅데이터 분류 -수십억 개의 데이터 속에서 중복을 제거하고 특정 조건에 맞는 데이터의 '모수'를 확정 짓는 모든 필터링 작업의 기초가 된다.

왜 모든 수학자들은 수학은 정답보다 과정이 중요하다고 할까

수학 문제를 풀 때 가장 먼저 듣게 되는 말 중 하나는 "풀이 과정을 쓰라"는 요구다. 많은 학생에게 이 말은 번거로운 규칙처럼 느껴진다. 답이 맞았는데 왜 굳이 중간 과정을 설명해야 하는지, 이미 계산기로 확인할 수 있는 결과를 왜 다시 적어야 하는지 이해되지 않는다.

그래서 사람들은 성인이 된 뒤 이렇게 묻는다.

"현실에서는 정답만 중요하지 않나?"

이 질문 역시 매우 자연스럽다. 그러나 수학이 과정을 강조하는 이유는 단순한 채점의 편의를 위해서가 아니다. 수학의 본질이 정답이 아니라 논리적 경로에 있기 때문이다.

수학은 결과론적인 학문이 아니다. 어떤 답이 나왔는지가 아니라, 그 답이 왜 반드시 그렇게 될 수밖에 없는지를 끝까지 설명하는 학문이다.

수학에서 말하는 '맞다'는 것은 우연히 맞았다는 뜻이 아니다. 모든 전제가 명확하고, 중간 단계에 논리적 비약이 없으며, 누구든 같은 조건에서 같은 결론에 도달할 수 있을 때 비로소 정답으로 인정된다.

그래서 수학은 언제나 결과보다 과정을 먼저 묻는다.

이 점을 가장 극적으로 보여주는 사례가 바로 '페르마의 마지막 정리'이다.

17세기 프랑스의 수학자 피에르 드 페르마는 디오판토스의 《산술》(Arithmetica) 여백에 다음과 같이 적어 놓았다.

"나는 이 명제를 증명하는 경이로운 방법을 발견했으나, 여백이 부족하여 적지 않는다."

이 짧은 문장은 이후 350여 년 동안 전 세계 수학자들의 삶을 뒤흔들었다.

문제 자체는 단순했다. 하지만 그 단순한 명제가 왜 항상 참인지 설명하는 과정은 누구도 완성하지 못했다.

페르마의 마지막 정리

$n \geq 3$일 때 $x^n + y^n = z^n$을 만족하는 정수해가 없다는 페르마의 마지막 정리는, 1994년 앤드루 와일즈가 증명했다.

이 사건에서 중요한 것은, 그 누구도 페르마의 증명했다는 결론에 만족하지 않았다는 사실이다. 수학자들이 원했던 것은 정답이 아니라 증명이었다. 단 하나의 논리적 구멍도 허용하지 않는, 처음부터 끝까지 완결된 사고의 사슬이 필요했다. 그래서 수백 년 동안 수많은 천재들이 도전했지만 실패했고, 그 과정에서 새로운 수학 분야가 태어나기도 했다.

결국 1994년, 앤드루 와일즈가 이 정리를 증명했을 때 수학계가 환호한 이유는 단순히 답을 알게 되었기 때문이 아니었다. 인간의 사고가 어디까지 논리를 밀어붙일 수 있는지를 확인했기 때문이다.

하지만 페르마가 증명했다고 했던 시대에는 발견되지 않은 수학적 정리와 개념들이 앤드루 와일즈의 증명에는 사용되어졌기 때문에 아직도 페르마의 마지막 정리에 도전하는 수학자들이 있다.

따라서 이 이야기는 수학이 왜 과정을 중시하는지를 잘 보여준다. 정답은 한 줄일 수 있지만, 그 한 줄을 지탱하는 사고의 구조는 방대하다. 수학은 바로 그 구조를 다루는 학문이다. 그래서 수학에서 "왜 이렇게 되는가?"라는 질문은 선택이 아니라 필수다. 이 질문을 건너뛰는 순간, 수학은 더 이상 수학이 아니라 단순한 계산 요령이 된다.

이러한 과정 중심의 사고는 현대 사회에서 더욱 중요한 의미를 갖는다. 오늘날 우리는 '알고리즘의 시대'에 살고 있다. 검색 결과, 추천 영상, 내비게이션의 경로 선택, 금융 시스템의 판단까지 모두 알고리즘에 의해 작동한다.

그렇다면 알고리즘이란 무엇인가?

그것은 정답을 찍는 기술이 아니라, 문제를 단계별로 나누고, 조건에 따라 순차적으로 처리하는 과정의 설계도다. 수학에서 풀이 과정을 쓰는 훈련은, 바로 이런 사고방식을 기르는 가장 기본적인 연습이다.

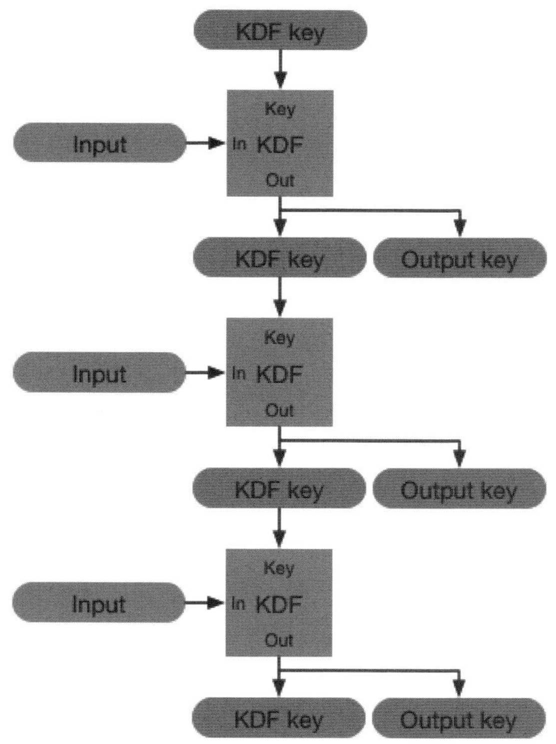

알고리즘의 예

초등학교에서 배웠던 긴 나눗셈을 떠올려보자. 큰 숫자를 한 번에 처리하지 않고, 자릿수별로 쪼개어 차례차례 해결해 나간다.

이 방식은 단순한 계산법이 아니라 문제 해결의 기본 전략이다. 인생에서 마주하는 대부분의 어려운 문제 역시 한 번에 해결되지 않는다.

문제를 나누고, 우선순위를 정하고, 가능한 부분부터 처리하는 과정이 필요하다.

수학의 풀이 과정은 이런 전략적 사고를 반복적으로 훈련시킨다.

또 하나 중요한 점은, 수학적 과정이 소통의 언어라는 사실이다.

수학에서 자신의 주장을 인정받기 위해서는 감정이나 권위가 아니라 논리가 필요하다. "내가 그렇게 느꼈다"는 설명은 통하지 않는다. 누구든 같은 과정을 따라가면 같은 결론에 도달할 수 있어야 한다. 이 규칙은 매우 엄격하지만, 동시에 매우 민주적이다. 누구나 반박할 수 있고, 누구나 검증할 수 있기 때문이다.

이러한 사고 습관은 일상에서도 그대로 적용된다. 뉴스에서 접하는 통계, 사회적 이슈에 대한 주장, 광고 문구 속 숫자들 앞에서 우리는 종종 결과만 받아들인다. 그러나 수학적 사고에 익숙한 사람은 자연스럽게 질문한다.

"이 결론은 어떤 전제에서 나왔는가?" "중간 과정에서 빠진 조건은 없는가?" "다른 해석은 가능한가?"

수학 문제를 풀며 "왜 이 단계에서 다음 단계로 넘어가는가?"를 끊임없이 묻는 습관은, 현실 세계에서도 정보를 무비판적으로 받아들이지 않는 힘이 된다.

그래서 수학에서 정답보다 중요한 것은 점 하나가 아니라, 그 점들을 연결하는 선이다. 점은 결과이고, 선은 과정이다. 수학은 그 선을 그리는 법을 가르친다.

이와 같은 논리의 설계도를 그리는 능력은 시험이 끝난 뒤에도 사라지지 않는다. 오히려 복잡한 선택과 판단이 필요한 순간마다 다시 작동한다.

수학은 증명하는 과정을 통해 논리적 사고력을 키워주며 이 논리적 사고는 우리 일상의 문제를 해결하는 도구이기도 하다.

이 책의 제목이 말하듯, 수학을 잘 모르지만 왜 그런지 알고 싶은 사람에게 수학은 이미 실패한 과목이 아니다. 정답을 맞히지 못했던 기억보다, 그 과정이 무엇이었는지를 다시 묻는 순간, 수학은 교과서 밖에서 우리의 생활을 돕는 사고의 도구로 돌아온다.

수학이 가르치는 가장 정교한 지혜는 바로 여기에 있다. 정답이 아니라, 그 정답에 이르는 생각의 길을 스스로 설계하는 논리적이고 이성적인 힘을 키워준다는 것이다.

명제 논리의 함의 $(P \Rightarrow Q)$

조건 P가 참이면, 결과 Q가 반드시 도출된다.

: 프로그래밍 언어 및 회로 설계 - 논리적 비약이 없는 완벽한 알고리즘을 구축하여 기계가 오류 없이 판단하도록 만든다. 반도체의 논리 회로(AND, OR, NOT) 또한 이 연역적 논리를 하드웨어로 구현한 것이다.

수학을 안다는 것은 세상을 해석하는 힘인 논리적 사고력을 가졌다는 의미

수학을 안다는 말은 생각보다 모호하다. 많은 사람은 수학을 안다는 것을 '공식을 외우고 문제를 잘 푸는 상태'로 이해한다. 그래서 시험이 끝나면 이렇게 말한다.

"이제 다 잊어버렸다."

하지만 정말로 수학을 안다는 것이 공식의 기억이라면, 시험이 끝난 뒤 수학은 모두 사라져야 한다.

그러나 실제로는 그렇지 않다. 수학을 깊이 이해했던 사람은 시간이 지나도 세상을 바라보는 방식 자체가 달라진다. 수학을 안다는 것은 지식을 소유하는 것이 아니라, 세상을 해석하는 새로운 눈과 언어를 갖는 것에 가깝다.

기하학이라는 단어의 어원을 떠올려보면 이 점은 더욱 분명해진다.

기하학(Geometry)은 '땅'을 뜻하는 그리스어 ge와 '측정하다'를 의미하는 metrein에서 비롯된 말이다. 즉 기하학은 원래 추상적인 학문이 아니라, 인간이 발을 딛고 서 있는 땅을 이해하기 위한 실용적 시도에서 출발했다. 인류는 아주 오랜 옛날부터 땅의 넓이를 재고, 경계를 나누고, 구조를 파악하기 위해 형태와 비율을 고민했던 것이다.

인류는 토지의 주인을 찾기 위한 부단한 노력을 하는 과정에서 수학을 발전시켰다.

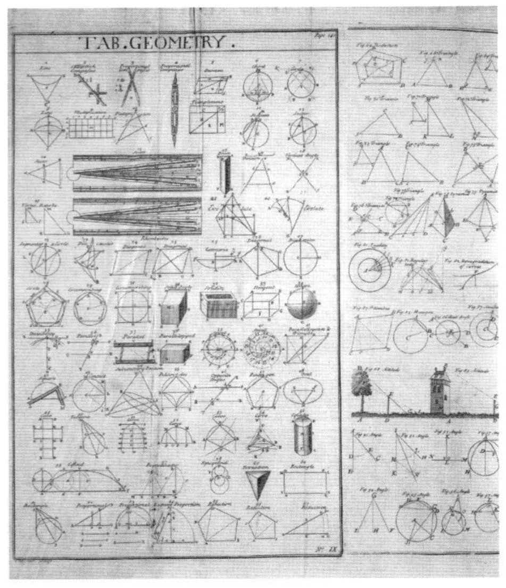

다양한 기하학의 예

수학은 그렇게 현실을 떠나지 않은 채, 현실을 더 정확히 보기 위해 만들어진 언어였다.

수학적 안목을 갖게 되면 세상은 더 이상 우연과 혼돈의 집합처럼 보이지 않는다. 무작위로 흩어져 있는 것처럼 보이던 현상들 속에서 일정한 패턴과 구조가 드러나기 시작한다. 이는 세상이 실제로 더 단순해졌기 때문이 아니라, 우리가 세상을 해석하는 기준을 갖게 되었기 때문이다. 수학은 바로 그 기준을 제공한다.

자연을 바라볼 때 이 변화는 특히 극명하게 드러난다.

예를 들어 꿀벌의 벌집을 떠올려보자.

왜 벌집의 방은 대부분 육각형일까.

이는 단순한 우연도, 미적 취향의 결과도 아니다. 육각형은 같은 면적을 가장 적은 둘레로 둘러쌀 수 있는 도형 중 하나다. 다시 말해 최소한의 재료로 최대의 공간을 확보할 수 있다. 꿀벌은 수학 공식을 알지 못하지만, 자연선택의 과정을 통해 가장 효율적인 구조를 선택해 왔던 것이다.

이 사실을 이해하는 순간, 우리는 자연을 감상하는 차원을 넘어 자연의 사고방식을 엿보게 된다.

꽃잎의 개수 역시 마찬가지다. 많은 꽃이 3, 5, 8, 13처럼 특정한 수열을 따른다는 사실은 오래전부터 관찰되어 왔다. 이 수열은 피보나치 수열로 알려져 있으며, 식물이 햇빛을 가장 효율적으로 받기 위한 배열과 깊은 관련이 있다.

수학을 모를 때는 그저 '신기하다'로 끝나는 현상이지만, 수학을 통해 바라보면 자연이 효율을 향해 스스로를 조직해 왔다는 사실이 보인다. 이때 느끼는 감정은 단순한 지식의 습득이 아니라, 인간과 자연이 같은 질서 위에 놓여 있다는 지적 연결감이다.

수학은 또한 보이지 않는 세계를 실체화하는 거의 유일한 도구다. 우리는 눈에 보이는 것만으로 세상을 이해한다고 생각하지만, 실제로 현대 사회를 움직이는 핵심 요소들은 대부분 보이지 않는다. 중력, 전자기력, 확률, 데이터의 구조, 알고리즘의 판단 기준은 눈으로 확인할 수 없다. 그런데도 우리는 그것들을 활용하고, 예측하고, 통제한다. 그 이유는 하나다. 수학이라는 언어가 그것들을 표현할 수 있기 때문이다.

AI의 발전을 떠올려보자. 인간과 자연스럽게 대화하는 인공지능은 마치 사고하는 존재처럼 보인다. 하지만 그 내부를 들여다보면, 수많은 행렬 연산과 함수, 확률 계산이 작동하고 있다. 인간의 언어, 감정, 선택을 수학적 구조로 모델링하지 않았다면 지금의 AI는 존재할 수 없었을 것이다. 여기서 수학은 단순한 도구가 아니라, 현실을 다른 차원에서 재구성하는 방법이다.

우주공학 역시 마찬가지다. 우주선이 지구를 떠나 다른 행성의 궤도에 진입하기까지의 과정은 극도로 정밀해야 한다. 중력은 눈에 보이지 않지만, 수식으로는 표현할 수 있다. 궤도역학 방정식을 통해 우리는 수년 뒤, 수백만 킬로미터 떨어진 위치를 소수점 단위까지 예측한다. 이는 인간이 감각을 넘어 사고로 세계를 지배하는 대표적인 사례다. 수학을 안다는 것은 바로 이런 사고의 확장을 의미한다.

그러나 수학은 인간의 전능함만을 말하지 않는다. 오히려 수학은 인간 지성의 한계를 가장 분명하게 드러내는 학문이기도 하다.

예를 들어 쿠르트 괴델의 불완전성 정리는, 어떤 논리 체계도 스스로의 모든 진리를 증명할 수 없다는 사실을 보여주었다.

이 발견은 충격적이었다. 완벽해 보이던 수학조차 한계를 가진다는 사실이 드러났기 때문이다. 하지만 동시에 이것은 중요한 통찰을 제공했다. 한계를 인식하는 순간, 우리는 더 넓은 틀로 사고를 확장할 수 있다.

수학자들은 수학을 안다는 것은 모든 것을 안다는 뜻이 아니라 오히려 어디까지 알 수 있고, 어디부터는 가정이 필요한지를 구분할 수 있다는 뜻에 가깝다고 말한다. 실제로 통계학은 불확실성을 제거하지 않는다. 대신 불확실함을 확률로 다룬다. 미래를 단정하지 않고, 가능한 범위를 설정한다.

이는 삶을 대하는 태도에도 그대로 적용해 볼 수 있다. 그리고 수학적 사고에 익숙한 사람은 불확실한 상황 앞에서 조급한 결론을 내리기보다, 조건과 가능성을 차분히 검토해 본다.

선형대수학이 공간의 회전과 변환을 설명하듯, 수학은 우리가 익숙하게 고정된 세계라고 믿어온 것들이 사실은 관점에 따라 달라질

수 있음을 보여준다. 좌표를 바꾸면 같은 대상도 전혀 다른 모습으로 나타난다. 이 깨달음은 단순한 수학적 지식이 아니라, 사고의 유연성을 길러준다.

건축 도면을 볼 줄 아는 사람과 그렇지 않은 사람의 차이를 떠올려보자. 같은 건물을 보더라도, 도면을 이해하는 사람은 하중이 어떻게 분산되는지, 어떤 구조가 취약한지 읽어낸다.

수학도 마찬가지다. 수학을 아는 사람은 사회 시스템, 기술, 자연 현상 이면에 숨어 있는 구조를 본다. 겉으로 드러난 결과가 아니라, 그것을 가능하게 한 조건과 관계를 읽는다.

그래서 수학을 안다는 것은 시험에서 높은 점수를 받는 것보다

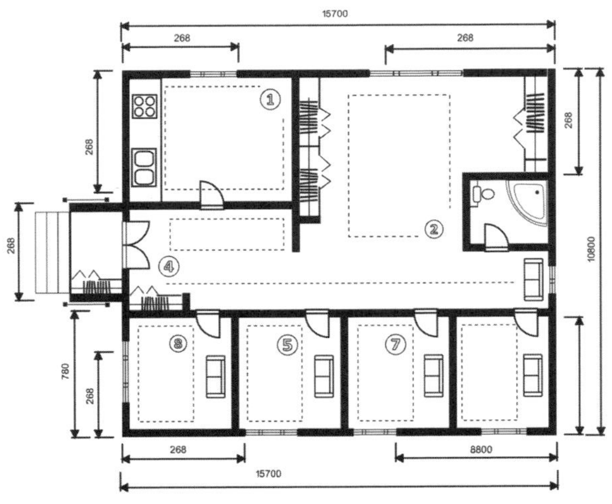

도면을 볼 줄 안다면 도면을 통해 많은 것을 알 수 있다.

더 큰 것을 선사한다. 그것은 안개 자욱한 세상 속에서 지도를 하나 손에 쥐는 일에 가깝다. 모든 길을 다 알지는 못해도, 방향을 잃지 않을 기준을 갖는 것. 수학은 그 기준을 제공한다. 그리고 그 기준은 공식이 아니라, 세상을 해석하는 방식 그 자체다.

이 책이 말하고자 하는 수학의 의미도 여기에 있다. 수학을 잘 모르지만, 왜 그런지 알고 싶은 사람에게 수학은 이미 끝난 학문이 아니다. 오히려 이제야 제대로 질문을 던지기 시작한 언어다. 수학을 안다는 것은, 세상을 조금 더 또렷하게 바라볼 수 있게 되는 일이다.

피보나치 수열 $F_n = F_{n-1} + F_{n-2}\,(n \geq 3)$

꽃잎의 개수와 식물의 성장 배열을 설명하는 대표적인 수식인 피보나치 수열은 효율성을 극대화하는 자연의 법칙 즉 자연의 패턴(벌집, 꽃잎)과 우주의 질서를 해석하는 도구로서의 수학을 설명한다.

:주식·금융 시장 분석 및 컴퓨터 그래픽 - 게임이나 영화 CG에서 가장 자연스러운 식물이나 은하의 모양을 생성할 때 필수적으로 사용되며 대중의 심리가 반영된 시장의 흐름에서 일정한 패턴을 찾아내 매수/매도 타이밍을 잡는 도구이기도 하다.

수학을 알면 무엇이 좋을까?

"수학을 배워서 어디에 써먹나요?"

이 질문은 수학을 접해본 사람이라면 한 번쯤 던져봤을 법한, 아주 솔직한 물음이다. 그리고 이 질문은 틀리지 않았다. 다만 수학의 겉모습만을 보고 던졌을 때 나오는 질문이라는 점에서, 아직 수학의 역할을 충분히 만나지 못했다는 신호이기도 하다.

대부분의 사람들은 수학을 '시험을 통과하기 위한 도구'로 기억한다. 그러다 보니 시험이 끝나면 자연스럽게 이렇게 생각한다.

"이제 더 이상 쓸 일이 없다."

하지만 현실은 정반대다. 우리는 수학 없이 단 1초도 살아갈 수 없는 시대에 살고 있다. 아침에 눈을 뜨자마자 스마트폰으로 날씨를 확인하는 순간부터, 하루가 끝나 잠자리에 들 때까지 수학은 조용히 작동하고 있다.

내비게이션이 실시간 교통 상황을 분석해 최단 경로를 안내하고,

인터넷 쇼핑몰에서 결제 버튼을 누르는 순간 개인 정보가 안전하게 암호화되며, 스트리밍 서비스가 당신이 좋아할 만한 음악과 영상을 추천하는 모든 과정 뒤에는 정교한 수학적 알고리즘이 숨어 있다.

이 과정에서 중요한 점은, 우리가 그 수학을 '느끼지 못한다'는 사실이다.

수학은 너무 잘 작동하기 때문에 눈에 띄지 않는다. 신용카드 결제를 할 때 우리는 소수의 성질이나 암호화 알고리즘을 떠올리지 않는다. 그러나 소수(Prime Number)에 기반한 암호 체계가 없다면 현대의 금융 시스템은 성립할 수 없다. 우리가 안전하다고 느끼는 그 일상은, 수학이 보이지 않는 곳에서 끊임없이 계산하고 검증한 결과다.

그런데도 "수학을 알면 무엇이 좋을까?"라는 질문이 계속 나오는 이유는, 이런 기술적 혜택이 개인의 체감으로 곧바로 이어지지 않기 때문이다.

사실 수학을 알았을 때 얻는 가장 큰 이득은, 기술을 더 잘 쓰는 능력이 아니다. 그것은 세상을 해석하는 힘, 다시 말해 비판적으로 사고하고 주

인터넷 환경에서 소수는 매우 중요한 역할을 하고 있다.

체적으로 판단할 수 있는 능력이다.

현대 사회는 데이터와 통계의 시대다. 뉴스 기사, 광고, 정책 설명, 투자 정보까지 수많은 숫자와 그래프가 우리의 판단을 요구한다.

그런데 이때의 숫자는 중립적인 것처럼 보이면서도, 얼마든지 의도를 담을 수 있다. 같은 사실도 어떤 기준으로 자르느냐에 따라 전혀 다른 메시지가 된다.

수학적 감각이 부족할수록 우리는 그 숫자를 '사실'로 받아들이기 쉽다.

반대로 수학적 사고에 익숙한 사람은 자연스럽게 묻는다.

"이 수치는 어디서 왔는가?"

"비교 기준은 적절한가?"

"보이지 않는 전제는 무엇인가?"

예를 들어 로또를 떠올려보자. 많은 사람은 '혹시 모른다'는 기대에 기대어 돈을 쓴다. 그러나 당첨 확률을 정확히 계산해본 사람은 그 선택을 전혀 다른 시선으로 바라본다. 그 사람은 로또를 사지 않을 수도 있고, 사더라도 그것을 '투자'가 아닌 '오락'으로 분명히 구분한다. 이 차이는 단순한 계산 능력의 차이가 아니라, 확률을 해석하는 사고방식의 차이다.

경제적 선택에서도 마찬가지다. 복리의 원리, 인플레이션의 의미,

이자율 변화가 자산에 미치는 영향을 이해하는 사람은 눈앞의 숫자에 휘둘리지 않는다. 같은 월급, 같은 저축을 하더라도 시간이 지났을 때 전혀 다른 결과에 도달한다.

즉 수학을 안다는 것은 돈을 많이 버는 기술이 아니라, 숫자가 만들어내는 구조를 읽는 능력이다.

최근 사람들이 가장 많이 검색하는 질문 중 하나는 'AI 시대에 어떤 능력이 필요할까'이다.

많은 사람이 막연한 불안을 느낀다. 인공지능이 인간의 일자리를 대체할 것이라는 말은 더 이상 먼 미래의 이야기가 아니다.

이때 중요한 것은 AI를 직접 만들 수 있느냐가 아니라, AI가 어떻게 판단하는지를 이해할 수 있느냐다.

인공지능은 감으로 판단하지 않는다. 데이터, 확률, 함수, 행렬이라는 수학적 언어로 세상을 해석한다. 이 구조를 전혀

다양한 복권과 많은 곳에서 쓰이는 통계, 확률 등의 데이터 자료들 모두 수학을 기반으로 하고 있다.

모르는 사람은 결과만 받아들이는 위치에 머물 수밖에 없다.

수학적 문해력을 갖춘다는 것은, 기술의 결과를 맹목적으로 수용하지 않고 그 판단의 근거를 질문할 수 있다는 뜻이다. 왜 이런 추천이 나왔는지, 왜 이런 결과가 더 '합리적'이라고 판단되었는지를 이해하려는 태도는 곧 주체적인 삶으로 이어진다.

이처럼 수학은 기술 앞에서 인간을 무력하게 만드는 것이 아니라, 기술을 이해할 최소한의 언어를 제공한다.

결국 수학을 알면 무엇이 좋을까라는 질문은 이렇게 바꿀 수 있다.

수학을 알면, 세상이 왜 이렇게 돌아가는지 묻고 이해할 수 있다.

수학을 알면, 누군가의 주장과 선택을 그대로 받아들이지 않고 스스로 판단할 수 있다.

수학을 알면, 불확실한 미래 앞에서 감정이 아니라 구조를 보고 결정할 수 있다.

그래서 수학은 시험지 위의 숫자가 아니다. 수학은 불확실성이 가득한 미래라는 바다에서 우리가 방향을 잃지 않도록 돕는 나침반이다. 모든 파도를 예측해 주지는 않지만, 어디가 북쪽인지, 어디로 가고 있는지는 알려준다.

이 나침반을 다루는 법을 익히는 순간, 세상은 이전보다 훨씬 명료해진다.

　수학은 차갑고 딱딱한 학문처럼 보이지만, 실은 우리의 삶을 가장 현실적으로 돕는 언어다. 수학을 잘 모르지만 왜 그런지 알고 싶은 사람에게, 수학은 이미 문을 열고 기다리고 있다. 여러분이 세상을 이해하는 가장 다정한 파트너가 될 준비를 마친 채로.

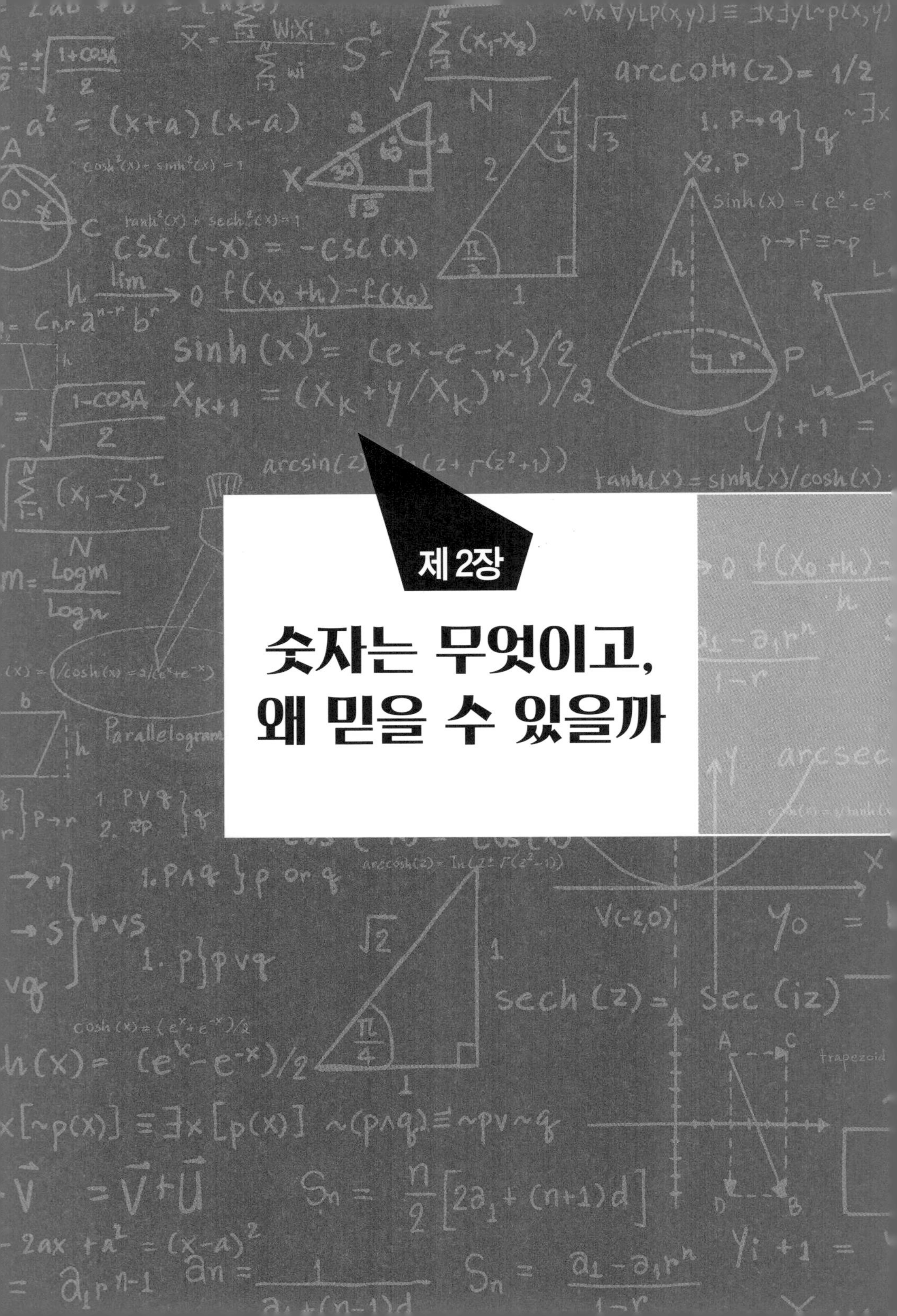

제 2장
숫자는 무엇이고,
왜 믿을 수 있을까

우리는 숫자를 너무 당연하게 사용한다. 하지만 숫자가 무엇인지, 왜 믿을 수 있는지는 거의 생각하지 않는다. 가격표의 숫자, 시간의 숫자, 점수와 통계의 숫자는 모두 같은 숫자처럼 보이지만, 역할은 전혀 다르다. 이 장에서는 '숫자는 무엇인가'라는 가장 단순한 질문에서 출발한다. 수학의 시작은 계산이 아니라 약속을 이해하는 일이기 때문이다.

1

숫자는 사물인가, 생각인가

우리는 하루도 숫자 없이 살아갈 수 없다.

아침에 눈을 뜨면 가장 먼저 확인하는 것이 시계나 스마트폰 속 숫자이다. 스마트폰 화면에는 날짜와 배터리 잔량이 퍼센트로 표시되어 있다. 출근길에 마주치는 버스 도착 시간, 편의점에서 계산대 위에 찍히는 가격표, 회사에서 확인하는 매출 그래프까지. 숫자는 언제나 정확하고 단정한 얼굴로 우리 앞에 서 있다.

그런데 이상하게도 우리는 이 숫자가 무엇인지, 어디에서 왔는지, 왜 이렇게까지 신뢰하게 되었는지에 대해서는 거의 질문하지 않는다.

"사과 여섯 개"라는 말은 자연스럽다. 눈앞에 사과가 있고, 손으로 만질 수 있으며, 개수를 셀 수 있기 때문이다. 하지만 그 사과에서 색과 향, 무게와 촉감을 모두 제거하고 남는 '6'이라는 숫자는 어디에 존재하는 걸까? 그것은 사과 속에 있는가, 아니면 우리의 머릿속에 있는가. 혹은 우리가 사과를 바라보는 방식 자체가 이미 숫자에

길들여진 결과일까?

이 질문은 단순한 호기심이 아니다. 숫자가 무엇인지에 대한 물음은 곧 수학이 무엇인지, 더 나아가 인간이 세계를 이해하는 방식이 무엇인지에 대한 질문으로 이어진다. 인류는 오래전부터 이 문제를 붙잡고 씨름해 왔다.

고대 그리스의 수학자이자 철학자인 플라톤은 숫자가 인간의 머릿속에서 만들어진 개념이 아니라, 우리가 사는 현실 세계와는 분리된 완전한 영역에 실재한다고 보았다.

그가 말한 '이데아의 세계'에서는 삼각형은 언제나 완벽한 삼각형이며, 원은 언제나 정확한 원이다. 현실에서 우리가 그리는 도형은 어딘가 찌그러져 있지만, 그 불완전한 그림 뒤에는 변하지 않는 완벽한 형태가 존재한다는 것이다.

이 관점에서 숫자와 수학적 진리는 인간이 발명한 것이 아니라 발견된 것이다. 피타고라스 정리는 누군가 칠판에 쓰기 훨씬 이전부터 우주의 구조 속에 이미 새겨져 있었다.

반면에 명목론자들은 전혀 다른 입장을 취한다. 그들에게 숫자는 인간이 세상을 편리하게 정리하기 위해 만든 언어적 도구다.

인간이 사라진다면 숫자 역시 함께 사라진다. 사과가 없는데 '6'이라는 숫자가 무슨 의미를 가질 수 있겠는가?

이 관점에서 수학은 우주의 진리를 발견하는 학문이 아니라, 인간 사회가 합의한 규칙의 집합에 가깝다.

이 두 입장은 지금까지도 명확한 결론 없이 공존하고 있다.

그러나 중요한 것은 어느 쪽이 옳으냐가 아니다. 이 논쟁이 의미를 갖는 이유는 우리가 숫자를 얼마나, 어떤 태도로 신뢰하는지를 결정하기 때문이다.

숫자를 절대적 진리로 받아들일 것인가, 아니면 유용하지만 수정 가능한 도구로 볼 것인가에 따라 세상을 해석하는 방식은 완전히 달라진다.

숫자의 기원을 따라가 보면, 인류가 숫자를 지금과 같은 추상적 개념으로 받아들이기까지 얼마나 오랜 시간이 필요했는지 알 수 있다.

인간이 사라지면 숫자도 사라진다. 그렇다면 숫자는 인간 사회의 규칙이 아닐까?

벨기에 국립박물관에 소장된 '이상고의 뼈'에는 약 2만 년 전 인류가 남긴 빗금 자국이 새겨져 있다. 이것은 단순한 장식이 아니라, 사냥한 동물의 수나 날짜를 기록한 흔적으로 해석된다.

당시 숫자는 아직 '생각'이 아니라 '자국'이었다. 보이는 것, 만질 수 있는 것에 의존하지 않으면 셀 수 없었다.

양 세 마리를 세기 위해 조약돌 세 개를 나란히 놓던 방식은 매우 직관적이지만, 동시에 치명적인 한계를 지닌다. 양이 사라지면 조약돌의 의미도 사라진다. 따라서 숫자는 언제나 사물에 붙어 있어야 했다.

이 상태에서 벗어나 '양'이라는 실체를 지우고 '3'이라는 개념만을 떠올리는 데에는 수천 년의 지적 도약이 필요했다.

이 추상화의 순간은 인류 역사에서 가장 혁명적인 사건 중 하나였다. 눈앞에 없는 것을 계산할 수 있게 되었고, 과거의 기록을 통해 미래를 예측할 수 있게 되었다. 곡식이 아직 자라지 않았어도 수확량을 계산할 수 있었고, 별이 아직 떠오르지 않았어도 계절의 변화를 예측할 수 있었다. 숫자는 단순한 셈의 도구를 넘어 시간과 공간을 초월하는 언어가 되었다.

중 · 고등학교에서 배운 수학은 대부분 이 추상화의 결과물이다.

우리는 사과를 세지 않는다. 대신 x와 y를 세고, 기호로 이루어진 식을 다룬다. 많은 학생들이 이 지점에서 길을 잃는다.

"이게 도대체 무슨 의미가 있지?"라는 질문이 자연스럽게 떠오른다. 현실과의 연결 고리가 끊어진 것처럼 느껴지기 때문이다.

하지만 바로 그 지점이 수학의 본질에 가장 가까운 순간이다. 수학은 현실을 그대로 옮겨 적는 학문이 아니다. 현실에서 불필요한 것을 제거하고, 핵심 구조만을 남기는 작업이다. 사과를 지우고 '6'만 남기는 것처럼, 마찰과 잡음을 지우고 관계만을 남기는 것이다.

오늘날 숫자는 더 이상 단순한 수량을 의미하지 않는다. 은행 계좌에 찍힌 숫자는 금괴나 지폐 없이도 가치를 증명한다. 우리는 그 숫자를 믿기 때문에 거래를 하고, 사회는 그 신뢰 위에서 작동한다.

컴퓨터 속 0과 1의 조합은 문자와 이미지, 소리와 영상을 만들어 내며 하나의 세계를 구축한다. 이 세계는 손에 잡히지 않지만, 우리의 일상에 깊숙이 스며들어 있다.

숫자가 특별한 이유는 감정과 해석의 여지를 최소화한다는 데 있

과거에는 금이나 곡식, 지폐 등 현물이 가치가 있었지만 현재는 은행 계좌에 찍힌 숫자도 가치로 인정한다.

 제 2장 숫자는 무엇이고, 왜 믿을 수 있을까

다. 숫자는 좋아함이나 싫어함을 말하지 않는다. 다만 관계를 드러낼 뿐이다. 그렇기에 우리는 숫자를 통해 세상을 더 공정하고 투명하게 이해할 수 있다고 믿는다. 성적, 점수, 순위, 통계는 모두 이 믿음 위에 세워져 있다.

물론 숫자가 언제나 진실을 말하는 것은 아니다. 숫자를 어떻게 선택하고, 어떻게 배열하느냐에 따라 전혀 다른 이야기가 만들어질 수 있다.

하지만 숫자는 여전히 우리가 의지할 수 있는 가장 강력한 언어다. 왜냐하면 숫자는 언제나 검증 가능하기 때문이다. 틀렸다면 틀렸다고 말할 수 있고, 다시 계산할 수 있다.

숫자는 사물은 아니다. 그러나 사물을 움직인다. 생각에 불과한 것처럼 보이지만, 현실을 바꾸는 힘을 가진다. 이것이 우리가 수학을 배워야 하는 이유다.

수학을 안다는 것은 숫자를 외운다는 뜻이 아니다. 숫자가 만들어내는 세계의 구조를 읽을 수 있게 된다는 의미다.

중·고등학교 시절 배웠던 수학이 삶과 동떨어진 것처럼 느껴졌다면, 그것은 수학이 잘못된 것이 아니라 우리가 그 의미를 충분히 설명받지 못했기 때문이다.

수학은 시험을 통과하기 위한 관문이 아니라, 세상을 이해하기 위한 언어다. 그 언어를 통해 우리는 보이지 않는 질서를 읽고, 우연처럼 보이던 현상 속에서 필연을 발견한다.

숫자는 인간이 만든 가장 정교한 약속이다. 동시에 인간을 넘어서는 질서를 설명하는 가장 강력한 도구다.

사물과 생각의 경계에 서 있는 이 기묘한 존재 덕분에 우리는 세계를 계산하고, 예측하고, 설계할 수 있다. 수학은 그래서 어렵고, 동시에 매혹적이다. 그리고 바로 그 지점에서, 수학은 우리의 삶과 다시 만난다. 수학이 생각하는 도구라고 불리는 이유일 것이다.

기수 상등(equal cardinality) $n(A) = n(B)$

서로 다른 모양의 사과 6개(집합 A)와 숫자 6(집합 B)이 '수량'이라는 측면에서 같다는 선언으로, 구체적인 사물을 지우고 추상적인 숫자로 치환하는 '생각의 도약'을 잘 보여준다.

: 데이터 분류 및 검색 - 구글이나 네이버에서 '사과'를 검색할 때, 수많은 이미지 데이터(A)를 '사과'라는 단어(B)로 연결해주는 로직의 기초이다.

사람들은 왜 0이 필요했을까

우리는 0을 너무도 자연스럽게 사용한다.

체온계의 0도, 시험 점수의 0점, 계좌 잔액의 0원, 배터리 잔량 0%. 숫자를 배우는 순간부터 0은 항상 거기 있었던 것처럼 보인다. 그래서 우리는 거의 묻지 않는다. 왜 '아무것도 없음'을 굳이 숫자로 만들어야 했는지, 그리고 그 일이 왜 그렇게까지 어려웠는지를.

그러나 인류가 숫자를 사용하기 시작한 이후 수만 년 동안, 0은 숫자의 세계에 존재하지 않았다. 정확히 말하면, 필요는 했지만 받아들여지지 않았다. 오늘날의 기준으로 보면 믿기 어려운 일이지만, 0은 인류가 가장 늦게 받아들인 숫자이자, 가장 큰 철학적 저항을 불러일으킨 개념이었다.

문제는 단순히 계산의 불편함이 아니었다. 0은 '기술적 도구' 이전에 '사상적 도전'

이었다. 무엇인가를 센다는 행위는 언제나 존재하는 것을 전제로 한다. 사과가 있어야 셀 수 있고, 양이 있어야 숫자가 붙는다. 그런데 0은 이 전제를 정면으로 부정한다. 아무것도 없다는 상태를 하나의 '있음'으로 선언하는 순간, 인간의 사고는 혼란에 빠진다.

서구 문명의 뿌리를 형성한 고대 그리스인들에게 이 문제는 특히 치명적이었다. 그리스 철학은 '존재하는 것'을 탐구하는 학문이었다. 파르메니데스는 "없는 것은 생각할 수도, 말할 수도 없다"고 주장했고, 아리스토텔레스는 "자연은 진공을 혐오한다"고 단언했다.

이 세계는 언제나 무엇인가로 채워져 있으며, 완전한 공백은 허용되지 않는다는 믿음이 철학의 기초였다.

이런 세계관에서 0은 받아들일 수 없는 존재였다. 존재하지 않는 것을 숫자로 취급한다는 것은 논리의 붕괴이자 철학적 공포였다. 그 결과 서구 수학은 오랫동안 눈에 보이고 측정 가능한 대상, 즉 길이와 넓이를 다루는 기하학에 머물러야 했다. 직선과 원, 삼각형은 존재했지만 '아무것도 없음'을 가리키는 숫자는 허용되지 않았다.

로마 숫자는 이 한계를 극명하게 보여준다.

1,888을 표현하기 위해 로마인들은 'MDCCCLXXXVIII'이라는 긴 기호를 나열해야 했다. 이 체계에는 자릿값 개념이 없었고, 당연히 0도 존재하지 않았다. 덧셈과 뺄셈은 가능했지만, 복잡한 곱셈과 나눗셈은 사실상 전문가의 영역이었다. 수학은 일상적인 사고

도구가 아니라, 극히 제한된 기술로 남아 있었다.

이것은 단순한 불편함이 아니라 문명의 속도를 제한하는 족쇄였다. 숫자가 커질수록 계산은 기하급수적으로 복잡해졌고, 추상적인 사고는 진입 장벽이 높아졌다. 서구 사회에서 수학이 오랫동안 '엘리트의 학문'으로 머물렀던 이유도 여기에 있다.

반면, 0이 꽃핀 곳은 서양이 아니라 동양 국가인 인도였다.

인도 사상에는 '공(空)'이라는 개념이 깊게 자리 잡고 있었다. 공은 단순한 허무나 결핍이 아니라, 모든 것이 생성되고 사라지는 가능성의 장이었다. 비어 있음은 부정이 아니라 잠재력이었다. 이런 사상적 토양 위에서 '없음'을 하나의 상태로 인정하는 일은 상대적으로 자연스러웠다.

7세기 인도의 수학자 브라마굽타는 이 철학적 직관을 수학적 언어로 정식화했다. 그는 0을 단순한 표시가 아니라, 연산이 가능한 숫자로 정의했다. 어떤 수에서 자기 자신을 빼면 0이 되고, 0에 어떤 수를 더해도 그 수는 변하지 않으며, 어떤 수에 0을 곱하면 결과는 0이 된다는 규칙을 명확히 제시했다.

이 순간, 수학은 완전히 다른 학문이 되었다.

0의 도입은 수학의 지형도를 근본적으로 바꾸는 두 번의 혁명을 일으켰다.

첫 번째 혁명은 '자리지기(placeholder)'로서의 0이다.

102와 12의 차이는 단순히 숫자 하나의 유무가 아니다. 그 사이에 있는 0은 비어 있는 자리를 명확히 표시함으로써 수의 구조를 드러낸다. 이 기능 덕분에 인류는 단 10개의 숫자만으로 무한히 큰 수를 표현할 수 있는 위치 기수법을 완성했다. 숫자는 더 이상 기호의 나열이 아니라, 자리를 가진 체계가 되었다.

두 번째 혁명은 0이 연산의 중심이 되었다는 점이다.

0은 양수와 음수를 가르는 기준점이 되었고, 수직선의 중심이 되었다. 모든 증가는 0에서 시작되고, 모든 감소는 0을 향해 간다. 0은 중립적이면서도 절대적인 위치를 차지한다. 아무것도 없다는 뜻이지만, 동시에 모든 변화가 통과해야 하는 관문이 되었다.

중·고등학교에서 음수와 좌표를 배울 때 많은 학생들이 혼란을 느낀다. "마이너스는 왜 있는 거지?"라는 질문 뒤에는 사실 "왜 0이라는 기준이 필요한 거지?"라는 더 근본적인 의문이 숨어 있다.

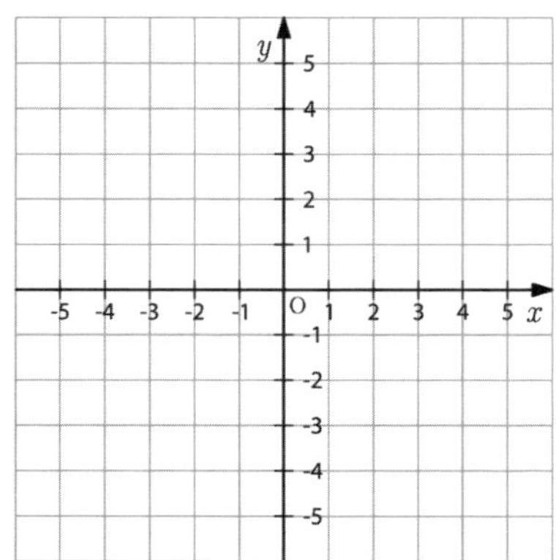

0이 없다면 방향도, 균형도, 대칭도 정의할 수 없다. 수학이 공간과 변화를 다룰 수 있게 된 출발점이 바로 0이다.

현대 문명은 이 개념 위에 세워져 있다.

컴퓨터는 전기가 흐르는 상태와 흐르지 않는 상태, 즉 1과 0의 조합으로 작동한다. 이 단순한 이진법 체계는 문자와 이미지, 영상과 소리를 모두 표현한다. 우리가 사용하는 스마트폰, 인터넷, 인공지능은 모두 '없음'을 숫자로 받아들였기에 가능해진 결과다.

컴퓨터는 0과 1의 조합으로 작동한다.

따라서 만약 인류가 0을 끝내 받아들이지 못했다면, 우리는 여전히 복잡한 계산 앞에서 손을 놓고 있었을 것이다. 대규모 데이터 분석도, 정밀한 시뮬레이션도 불가능했을 것이다.

이처럼 0은 기술 이전에 사고의 확장이었다.

0이 가진 가장 깊은 의미는 '비어 있음'을 두려워하지 않게 만들었다는 데 있다. 아무것도 없다는 상태를 실패나 결핍이 아니라, 새로운 가능성의 시작으로 바라보게 만들었다.

수학은 이 지점에서 철학과 만난다. 비어 있기에 채울 수 있고, 기준점이 있기에 방향을 정할 수 있다.

중·고등학교에서 배운 0은 단순히 계산을 편하게 하기 위한 장치가 아니었다. 그것은 세계를 바라보는 기준점을 세우는 연습이었다.

삶에서도 우리는 수많은 '0의 순간'을 마주한다. 아무것도 없는 것처럼 느껴지는 상태, 다시 시작해야 하는 지점. 수학은 그 지점이 끝이 아니라 구조의 중심이 될 수 있음을 미리 보여준다.

0은 가장 늦게 등장했지만, 가장 많은 것을 바꾼 숫자다.

없음이 있었기에 수학은 비로소 완성되었고, 인류는 보이지 않는 것을 계산할 수 있게 되었다. 이 작은 기호 하나에 담긴 사상적 무게를 이해하는 순간, 우리는 수학을 조금 다르게 보게 된다. 수학은 계산의 기술이 아니라, 공백을 견디고 구조를 세우는 인간 사고의 역사이기 때문이다.

영 지수법칙(zero exponent rule) $a^0 = 1 \, (a \neq 0)$

아무것도 곱하지 않았는데 1이다. 이는 0이 단순히 '없음'이 아니라, 수학적 체계를 유지하기 위한 '기준이자 약속'임을 보여주는 식으로, 0이 없으면 지수법칙은 무너지게 된다.

: 지수법칙에서 $2^0 = 1$은 디지털 세계의 최소단위인 1비트(Bit)의 논리적 출발점을 보여준다.

3

음수는 왜 생겼을까

"사과 3개에서 5개를 빼라"는 말은 현실 세계에서는 성립하지 않는다.

내 손에 쥔 사과가 세 개인데, 다섯 개를 내놓으라는 요구는 물리적으로 불가능하다. 우리가 일상에서 살아가는 세계는 언제나 '있는 것'의 범위 안에서만 작동한다. 이 단순한 사실 때문에 음수는 오랫동안 수학의 세계에 들어오지 못했다.

0이 '아무것도 없음'을 뜻한다면, 음수는 그보다 더 불편한 개념이다.

없음조차 없는 상태, 혹은 이미 없는 상태에서 더 빠져나간다는 발상은 인간의 직관에 정면으로 반한다. 그래서 음수는 0보다도 훨씬 늦게, 더 큰 저항 속에서 등장했다.

놀랍게도 16세기까지 유럽의 수학자들 다수는 음수를 진지한 수로 인정하지 않았다. 음수는 '불합리한 수', '거짓 수', 심지어 '괴물 같은 수'로 불렸다. 수학의 아버지라 불리는 파스칼조차 "0에서 무언가를 빼다는 것은 이해할 수 없는 일"이라며 음수의 존재 자체를 부정했다.

당시의 수학자들에게 음수는 계산 과정에서 잠시 나타났다가 반드시 제거되어야 할 오류에 가까웠다.

이 거부감은 단순한 보수성 때문이 아니었다.

음수는 인간이 오랫동안 믿어온 세계관을 흔들었기 때문이다.

숫자는 현실을 반영하는 도구라는 믿음, 즉 수는 언제나 '존재하는 양'을 나타낸다는 전제가 음수 앞에서 무너진다. 현실에 없는 것을 숫자로 표현한다는 발상은 0보다도 더 큰 심리적 장벽이었다.

그렇다면 인류는 왜 끝내 음수를 받아들였을까?

그 이유는 철학이 아니라 매우 세속적이고 현실적인 필요, 바로 '빚'이었다.

상업이 발달하면서 사람들은 단순히 가진 것을 세는 것만으로는 경제 활동을 설명할 수 없게 되었다. 지금 당장 내 손에 있는 돈보다, 앞으로 갚아야 할 돈이 더 많은 상태가 빈번하게 등장했다. 이 상태를 "돈이 없다"라고만 표현하는 것은 부족했다. 분명히 어떤 '마이너스 상태'가 존재하고 있었기 때문이다.

부채는 눈에 보이지 않지만 분명한 현실이었다.

갚아야 할 돈은 실체가 없지만, 행동을 제약하고 미래를 결정했다.

이 보이지 않는 결핍을 수식으로 표현하기 위해, 인류는 마침내 마이너스(−)라는 기호를 받아들였다. 음수는 이렇게 '결핍의 언어'로 처음 정착했다.

그래서 초기의 음수는 철저히 현실에 묶여 있었다.

장부 속에서만 의미를 갖는 수, 실제 양이 아닌 상태를 설명하는 보조적 기호였다. 따라서 오랫동안 "음수는 계산의 결과일 뿐, 해답이 될 수 없다"는 인식이 지배적이었다. 이로 인해 방정식을 풀다가 음수가 나오면, 그것은 '해가 없다'는 의미로 해석되곤 했다.

하지만 어느 순간, 수학자들은 중요한 사실을 깨닫기 시작했다.

음수는 단순히 '모자람'이 아니라, '방향'을 표현하고 있다는 점이었다.

이 인식의 전환은 수학의 세계를 근본적으로 바꾸었다.

양수를 오른쪽으로 가는 움직임이라고 생각해 보자. 그렇다면 음수는 단순히 덜 가는 것이 아니라, 정확히 반대 방향으로 가는 움직임이다. 이 순간 음수는 결핍이 아니라 대칭이 된다. 부족함이 아니라 반대 성질이 된다.

이 발상의 전환으로 숫자는 더 이상 점의 집합이 아니게 되었다.

수는 방향을 가진 위치가 되었고, 수직선은 양쪽으로 무한히 뻗어나갔다. 0은 끝이 아니라 중심이 되었고, 양수와 음수는 서로를 비추는 거울이 되었다.

중·고등학교에서 좌표평면을 처음 배울 때 많은 학생들이 혼란을 느낀다. 왜 굳이 왼쪽으로 마이너스를 그려야 할까. 왜 아래쪽이 음수일까. 하지만 이것은 임의의 약속이 아니다. 음수는 세상을 대칭적으로 이해하기 위한 필연적인 선택이다.

따라서 음수의 도입으로 수학은 마침내 완전한 대칭성을 확보했다.

모든 양수에는 대응되는 음수가 존재하고, 이 둘은 0이라는 기준점을 중심으로 균형을 이룬다. 이 구조는 단순한 계산의 편의를 넘어, 자연을 설명하는 핵심 언어가 되었다.

음수는 수학에서만 중요한 것이 아니었다. 자연을 설명하는 핵심 언어의 축을 담당하게 된 음수는 물리학에서도 결정적인 역할을 하고 있다.

작용과 반작용, 플러스 전하와 마이너스 전하, 에너지의 유입과 방출, 속도의 방향. 이 모든 개념은 음수가 없다면 설명할 수 없다. 영하의 기온을 표현하기 위해 '영상보다 더 낮은 상태'라는 긴 설명을 매번 반복해야 했을 것이고, 지하 세계는 수학적으로 정의되지 못했을 것이다.

우리가 엘리베이터에서 지하 1층, 지하 2층을 자연스럽게 받아들이는 것 역시 음수가 사고의 일부가 되었기 때문이다. 이 숫자는 단순히 '아래'를 뜻하는 표식이 아니라, 기준점에 대한 상대적 위치를 나타낸다.

음수의 가장 중요한 의미는 여기에서 드러난다.

음수는 '존재'가 아니라 '관계'를 수로 표현할 수 있게 만든 개념이다. 무엇이 얼마나 있는지가 아니라, 기준점에 대해 어디에 있는지를 말해준다. 이 순간 수학은 사물을 세는 학문에서, 관계를 모델링하는 학문으로 확장되었다.

삶에서도 우리는 수없이 음수의 상태를 경험한다.

잃어버린 시간, 부족한 자원, 되돌려야 할 약속. 이 모든 것은 눈

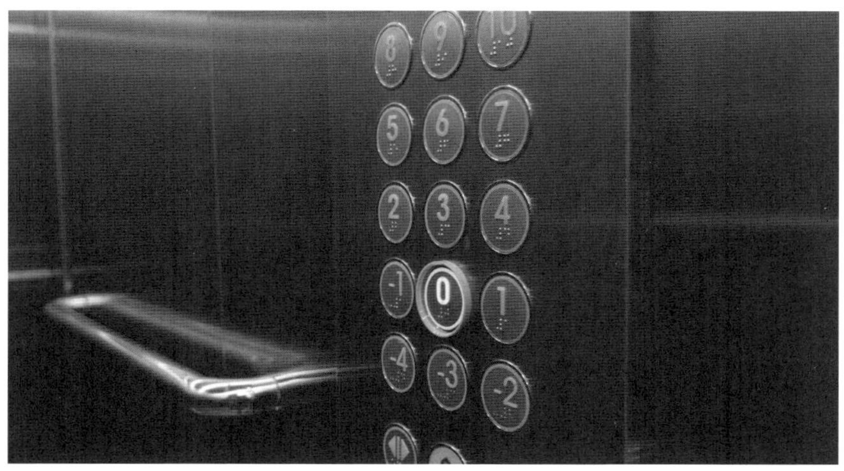

에 보이지 않지만 분명한 힘을 가진다. 음수는 이러한 상태를 회피하지 않고 정면으로 다루는 법을 가르쳐준다. 없는 것을 없는 채로 인정하고, 그 방향과 크기를 사고 속에 포함시키는 훈련이다.

따라서 중·고등학교에서 배운 음수는 단지 계산을 어렵게 만드는 장치가 아니라 세상을 흑백이 아닌 대칭과 관계로 바라보게 만드는 사고 훈련이었다.

음수를 받아들인 순간, 인간의 사고는 눈에 보이는 '있음'의 세계를 넘어, 보이지 않는 '상대성'의 세계로 나아갈 수 있게 되었다.

이처럼 음수는 불편했기에 혁명적이었다. 받아들이기 어려웠기에, 한 번 받아들여진 이후에는 세계를 완전히 다시 그리게 만들었다. 음수를 받아들인 숫자는 이제 단순한 양의 기록이 아니라, 방향과 균형, 관계를 설명하는 언어가 되는 순간이었다.

$$\text{두 점 사이의 거리 } d = \sqrt{(x_2 - x_1)^2 + (y_2 - y_1)^2}$$

음수가 존재해야만 좌표평면 위에서 '어디(위치)'와 '얼마나(거리)'를 완벽하게 설명할 수 있다. 즉 음수의 도입으로 우리는 절대적인 양이 아닌, 두 지점 사이의 '상대적 거리'와 '방향'을 계산할 수 있게 되었다.

: 내비게이션 및 GPS. 현재 위치(x_1, y_1)와 목적지(x_2, y_2) 사이의 관계를 계산하여 경로를 찾는 모든 지도 앱의 핵심 공식이다.

점은 어디까지 믿어도 될까

우리는 숫자가 정확하다고 믿는다.

숫자는 감정이 없고, 흔들리지 않으며, 언제나 같은 답을 내놓는다고 생각한다. 그래서 숫자가 등장하는 순간, 논쟁은 끝났다고 느낀다. 그러나 수학의 가장 기본적인 계산 하나만 해보아도 이 믿음은 금세 흔들린다.

1을 3으로 나누면 0.3333…이 된다.

끝이 없다. 아무리 계산기를 눌러도, 아무리 종이에 적어도, 소수점 아래의 숫자는 멈추지 않는다. 우리는 분명 정확한 계산을 했는데, 결과는 완성되지 않은 상태로 남는다. 이 순간 많은 사람들은 막연한 불안감을 느낀다. 숫자가 이렇게 미완성일 수 있다면, 과연 어디까지 믿어야 할까?

소수점 아래의 세계는 인간 이성이 자연을 다루는 방식의 한계를 적나라하게 드러낸다. 자연은 연속적이다. 길이는 끊기지 않고 이

어지고, 시간은 흐름 속에 존재한다. 그러나 인간은 이 연속적인 세계를 숫자라는 불연속적인 기호로 붙잡아야 한다. 소수점은 이 두 세계가 충돌하는 지점에서 태어났다.

정수는 셀 수 있는 세계의 언어다.

사과 한 개, 두 개, 세 개처럼 구분 가능한 대상에는 정수가 잘 들어맞는다. 하지만 길이, 면적, 속도처럼 매끄럽게 이어지는 대상 앞에서 정수는 무력해진다. 이때 등장한 것이 소수점이다. 소수점은 자연의 연속성을 최대한 흉내 내기 위한 인간의 타협이었다.

그중 원주율 π는 이 타협의 극단을 보여준다.

원과 지름의 비율이라는 단순한 정의에서 출발하지만, π는 어떤 규칙도 없이 끝없이 이어진다. 반복되지도, 멈추지도 않는다. 그래서 우리는 π를 정확히 쓸 수 없다. 다만 필요한 만큼만 잘라 쓸 뿐이다.

이 사실은 많은 사람들에게 불편한 진실이다. 수학이 완벽한 진리의 언어라면, 왜 이렇게 끝나지 않는 숫자를 품고 있는가?

여기서 중요한 질문이 등장한다.

현실 세계에서 우리는 소수점 몇 번째 자리까지 믿어야 할까?

이 질문의 핵심은 수학적 완전성이 아니다.

핵심은 실용적 정밀도다. 다시 말해, "얼마나 정확해야 충분한가" 라는 문제다.

수학은 언제나 무한을 향해 열려 있지만, 현실은 언제나 유한한 선택을 요구한다.

목수가 가구를 만들 때 소수점 아래 여섯 자리까지 계산하지는 않는다.

나무는 온도와 습도에 따라 수축하고 팽창한다. 이 환경에서 소수점 첫째 자리의 오차조차 의미가 없다. 오히려 지나친 정밀함은 작업을 방해한다.

반면 반도체 공정이나 우주 공학에서는 이야기가 달라진다. 이 영역에서는 소수점 아래 아주 작은 차이가 전체 시스템을 붕괴시킬 수 있다.

우리가 매일 사용하는 GPS는 이 사실을 극명하게 보여준다.

GPS 위성은 지구 상공에서 초정밀 시계를 이용해 위치 정보를 계산한다. 그런데 이 시계는 상대성이론의 영향을 받는다. 위성은 빠르게 움직이고, 중력의 영향을 덜 받기 때문에 지상의 시계와 미세한 시간 차이가 발생한다. 이 차이를 소수점 아래 수십 자리까지 보정하지 않으면, 위치 오차는 하루에 수 킬로미터씩 누적된다.

π

3.14159265358979323846264338327950288419716939
937510582097494459230781640628620899862803482534
21170679821480865132823066470938446095505822317
25359408128481117450284102701938521105559644622
94895493038196442881097566593344612847564823378
67831652712019091456485669234603486104543266482
13393607260249141273724587006606315588174881520
92096282925409171536436789259036001133053054882
04665213841469519415116094330572703657595919530
92186117381932611793105118548074462379962749567
35188575272489122793818301194912983367336244065
66430860213949463952247371907021798609437027705
39217176293176752384674818467669405132000568127
14526356082778571342757789609173637178721468 44
09012249534301465495853710507922796892589235420
19956112129021960864034418159813629774771309960
51870721134999999837297804995105973173281609631
85950244594553469083026425223082533446850352619
31188171010003137838752886587533208381420617177
66914730359825349042875546873115956286388235378

원주율은 2024년 3월 14일(파이의 날), 스토리지리뷰StorageRe view 팀이 약 105조 자릿수까지 계산하는 데 성공했다.

이와 같은 소수점이 필연적으로 중요한 곳이 있다. 바로 우주와 관련된 모든 분야이다.

NASA의 우주 공학자들이 화성 탐사에 사용하는 원주율 값은 약 소수점 15자리다. 이 정도면 수억 킬로미터 떨어진 우주 공간에서도 경로를 머리카락 굵기보다 작은 오차로 제어할 수 있다. 그런데 흥미로운 점은 그 이상은 필요없다는 사실이다. 더 많은 자릿수를 계산하는 것은 가능하지만, 실질적인 이득은 없다.

이 지점에서 우리는 중요한 깨달음에 도달한다.

소수점은 '정확함의 경쟁'이 아니라, 목적과 자원의 균형점이다. 더 정확해질수록 비용은 기하급수적으로 증가한다. 계산 시간, 에너지, 기술, 인력 모두가 추가로 필요해진다. 그래서 인간은 언제나 질문을 바꾼다.

"얼마나 정확해야 하는가"가 아니라 "이 정도면 충분한가"로.

세상에 완벽한 측정은 존재하지 않는다.

어떤 측정값에도 반드시 오차는 포함된다. 문제는 오차가 있느냐 없느냐가 아니라, 그 오차를 알고 있는가, 그리고 그 범위 안에서 판단하고 있는가다. 소수점은 이 오차를 숨기는 장치가 아니라, 드러내는 장치다.

소수점을 어디까지 믿을 것인가는 결국 우리가 세상을 얼마나 통제하고 싶은가라는 질문으로 귀결된다.

모든 것을 완벽하게 예측하고 싶다는 욕망은 매력적이지만, 현실에서는 불가능하다. 대신 인간은 예측 가능한 범위를 설정하고, 그 안에서 결정을 내린다. 수학은 이 결정을 정직하게 만들기 위한 도구다.

숫자를 맹신하는 순간, 우리는 숫자의 노예가 된다.

그래프와 수치가 말하는 바를 의심 없이 받아들이게 된다. 반대로 오차의 존재를 이해하는 순간, 우리는 숫자를 다루는 주인이 된다. 이 숫자가 어디까지 신뢰 가능한지, 어떤 가정 위에 세워졌는지를 질문할 수 있게 된다.

소수점 아래의 무한한 세계를 다루는 법을 익히면서 인류는 미시 세계와 거시 세계를 동시에 탐험할 수 있게 되었다.

전자 하나의 움직임부터 우주의 팽창 속도까지 우리는 끝없는 숫자를 잘라내고 다듬으며 세상을 설계한다. 이런 점을 본다면 소수점은 완벽함의 증거가 아니라, 통제 가능한 불완전함의 표시다.

결국 숫자의 신뢰성은 그 절대적 정확성에서 나오지 않는다.

우리가 그 숫자가 의미하는 범위와 한계를 이해하고 있을 때, 비로소 숫자는 믿을 수 있는 언어가 된다. 소수점은 인간 이성이 무한 앞에서 선택한 가장 합리적인 자세이며, 세상을 이해하기 위한 겸손한 약속이다.

숫자는 완벽해서가 아니라, 불완전함을 솔직하게 드러내기 때문에 강력하다. 그리고 소수점은 그 사실을 가장 조용하지만 분명하게 말해주는 기호다.

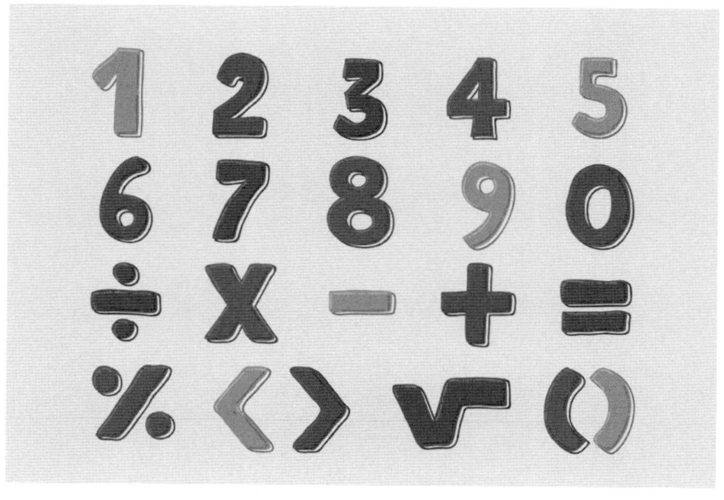

우리는 현재 계산기를 이용해 빠르고 정확하게 많은 계산들을 할 수 있다.

$$\text{수열의 극한}(\text{limit of a sequence}) \quad \lim_{n \to \infty} a_n = L$$

항이 무한히 거듭될수록($n \to \infty$) 특정 값(L)에 한없이 가까워진다는 의미이다.

: 옵션 가격 결정 - 주가 변동처럼 연속적인 변화 속에서 최적의 가격을 찾기 위해 극한의 개념을 사용한 블랙-숄즈 모델 등에 활용된다.

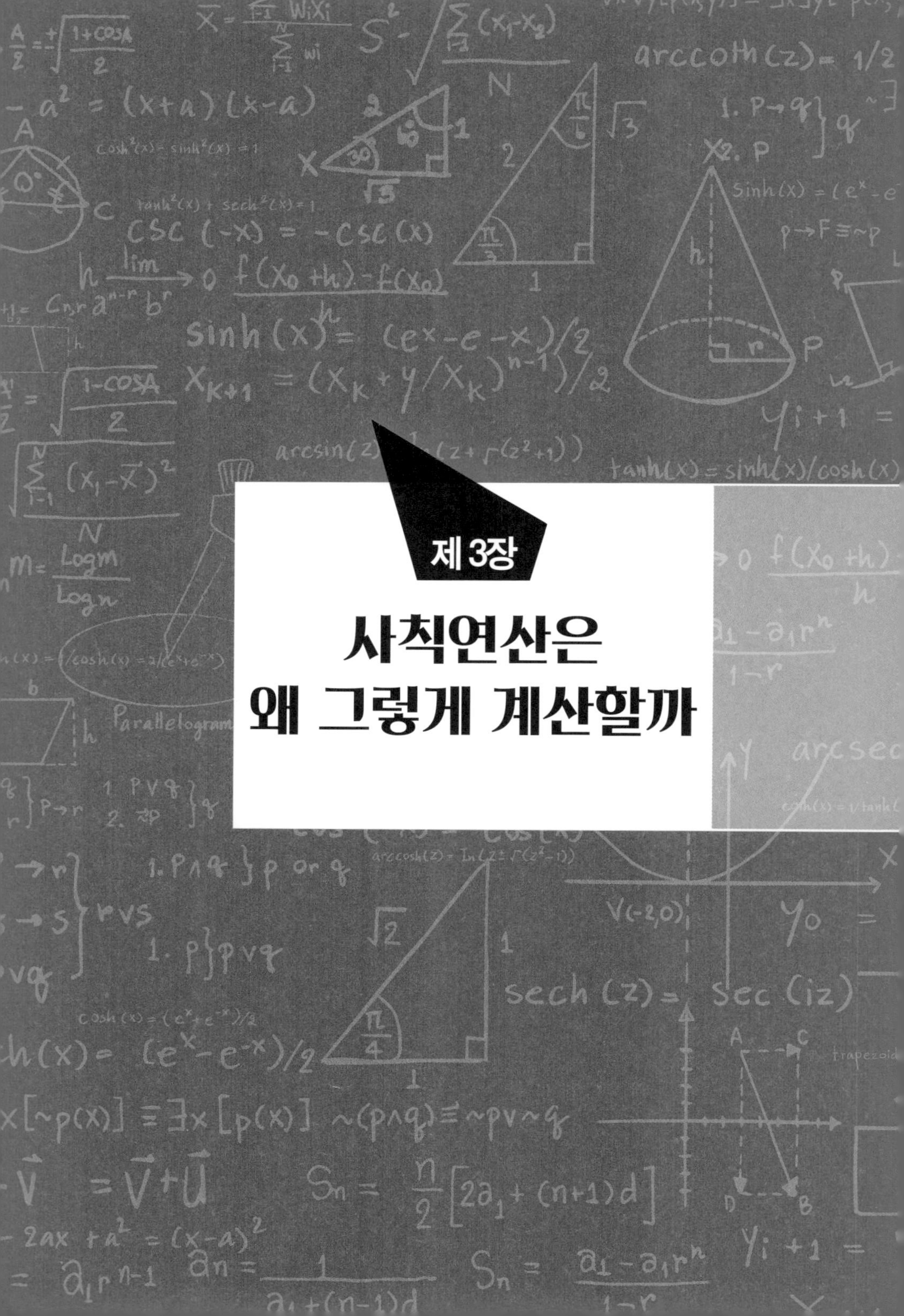

제 3장

사칙연산은
왜 그렇게 계산할까

사칙연산은 가장 먼저 배우는 수학이지만, 가장 오래 남는 의문을 품게 하는 영역이기도 하다. 더하기와 빼기는 직관적으로 이해되지만, 곱하기와 나누기가 등장하는 순간 많은 사람은 계산법을 이해하지 않고 외운다.

이 장에서는 사칙연산을 단순한 계산 규칙이 아니라, 현실 세계에서 일어나는 네 가지 기본적인 '행위'의 언어로 다시 바라본다. 사칙연산이 무엇을 설명하기 위해 만들어졌는지를 이해하면, 계산법은 암기가 아니라 필연이 된다.

존재의 변화를 기록하는 연산, 더하기와 빼기

우리가 수학에서 가장 먼저 배우는 연산은 더하기와 빼기다.

너무 익숙한 탓에 우리는 그것을 기술로만 받아들인다. 수를 늘리고 줄이는 가장 단순한 계산, 암기해야 할 규칙의 출발점 정도로 여긴다. 하지만 더하기와 빼기는 단순한 계산법이 아니다. 그것은 인류가 시간 속에서 변화하는 세계를 기록하기 위해 처음으로 만들어 낸 가장 원초적인 언어다.

사물이 늘어나고, 줄어들고, 사라지고, 다시 모이는 과정은 인간이 세상을 인식한 최초의 문제였다. 오늘 몇 마리의 짐승을 사냥했는지, 어제보다 식량이 얼마나 줄었는지, 겨울을 나기 위해 무엇이 더 필요한지. 이 모든 질문은 "얼마나 더해졌는가", "얼마나 사라졌는가"라는 형태로 귀결된다. 더하기와 빼기는 생존의 계산이었다.

앞에서 이야기한 이상고 뼈에는 일정한 간격으로 새겨진 빗금들이 남아 있다. 또한 에스와티니에서 발견된 레봄보 뼈에도 이런 빗금들이 남아 있다. 이것은 장식이 아니라 기록이다. 사냥한 동물의 수, 달의 주기, 혹은 물자의 변화량 등을 표시하기 위한 흔적으로 추측하고 있다.

이 빗금 하나하나는 오늘날 우리가 쓰는 덧셈 기호와 같은 역할을 했다. 더하기는 이미 그때부터 존재의 증가를 기록하는 방법이었다.

더하기의 본질은 합병이다.

둘 이상의 서로 다른 존재를 하나의 전체로 묶는 행위다. 사과 한 개와 또 다른 사과 한 개를 더하면 '두 개'가 된다. 이때 중요한 것은 단순히 수가 커졌다는 사실이 아니다. 서로 분리되어 있던 대상이 하나의 질서 안으로 편입되었다는 점이다. 더하기는 흩어진 세계를 하나의 구조로 통합하는 사고의 방식이다.

이 사고 방식은 개인의 생존을 넘어 사회의 탄생과 함께 폭발적으로 확장된다. 고대 이집트에서 파라오는 피라미드를 건설하기 위해 수만 명의 노동자를 동원했다. 그들에게 지급할 빵과 맥주의 양을 계산하는 일은 단순한 셈이 아니라 국가 운영의 핵심이었다. 얼마나 생산되었고, 얼마나 소비되었는지를 더하지 못한다면 권력도, 조직도 유지될 수 없었다.

바빌로니아 상인들이 발전시킨 60진법 역시 같은 맥락에 있다. 곡물 창고의 재고를 합산하고, 거래량을 계산하고, 이자를 산출하기 위해서는 안정적인 덧셈 체계가 필요했다. 더하기는 시장을 가능하게 했고, 시장은 문명을 가속했다. 덧셈은 개인의 손을 떠나 사회 시스템의 언어가 되었다.

하지만 빼기는 다르다.

빼기는 더하기보다 훨씬 늦게, 그리고 훨씬 어렵게 받아들여진 연산이다. 사물이 줄어드는 현상 자체는 누구나 경험하지만, 그것을 수로 표현하는 일은 간단하지 않았다. 더하기가 '있음'을 다룬다면, 빼기는 '없어짐'과 '부족함'을 다룬다. 이것은 물리적 사건을 넘어 개념적 도약을 요구한다.

사과 다섯 개 중에서 두 개를 가져가면 세 개가 남는다. 이 계산은 직관적으로 이해할 수 있다. 하지만 빼기의 진짜 힘은 여기서 끝나지 않는다. 빼기는 단순한 제거가 아니라 비교의 연산이다. 두 수 사이의 차이, 두 상태 사이의 간격을 드러내는 도구다. 빼기는 "얼마나 남았는가"보다 "얼마나 부족한가"를 묻는다.

이 질문은 인간 사고를 한 단계 끌어올린다.

목표와 현재를 비교하고, 차이를 인식하며, 전략을 세우게 만든다. 사냥에 필요한 화살이 열 개인데 현재 여섯 개밖에 없다면, 네 개가 부족하다는 사실을 인식해야 한다. 이 '부족함'을 수로 표현하는 능력이 빼기다. 빼기는 결핍을 사고의 대상으로 만든 최초의 연산이다.

이 과정에서 인류는 곧 논리적 벽에 부딪힌다.

세 개의 사과에서 다섯 개의 사과를 뺄 수 있을까?

작은 수에서 큰 수를 빼면 어떻게 되는가. 현실 세계에서는 불가능해 보이는 이 질문은 상업 사회의 등장과 함께 피할 수 없는 문제가 된다. 가진 돈보다 갚아야 할 돈이 많을 때, 이 상태를 어떻게 표현할 것인가? 여기서 빼기는 더 이상 물리적 제거가 아니라 관계의 표현으로 변한다.

이 논리적 공백을 메우기 위해 인류는 음수라는 개념을 받아들인다. 음수는 빼기가 스스로를 확장한 결과다.

빼기는 단순히 줄이는 연산이 아니라, 존재와 존재 사이의 방향성과 균형을 표현하는 언어로 진화한다. 더하기가 증가의 기록이라면, 빼기는 변화의 방향을 기록한다.

이렇게 보면 더하기와 빼기는 서로 반대되는 연산이 아니다.

둘은 한 쌍의 기록 장치다. 존재가 생겨나고, 모이고, 흩어지고, 사라지는 과정을 양쪽에서 동시에 기록한다. 더하기가 세계를 확장한다면, 빼기는 세계를 조율한다. 이 두 연산이 함께 작동할 때 비로소 변화는 예측 가능한 흐름이 된다.

초등학교에서 더하기와 빼기를 배울 때 우리는 이 연산들을 너무 빨리 통과해버린다. 이미 안다는 이유로, 너무 쉽다는 이유로 그 의미를 묻지 않는다. 하지만 이 연산들 위에 곱셈과 나눗셈이 세워지고, 함수와 미적분이 쌓인다. 더하기와 빼기는 수학 전체를 지탱하는 가장 낮은 층의 논리다.

더하기와 빼기를 통해 인류는 처음으로 시간을 수로 붙잡았다.

어제보다 오늘이 얼마나 달라졌는지, 앞으로 무엇이 더 필요할지를 계산할 수 있게 되었다. 이 계산 가능성이야말로 문명을 가능하게 한 신뢰의 출발점이다. 우리는 더 이상 막연한 추측에 의존하지 않고, 변화의 크기를 숫자로 말할 수 있게 되었다.

결국 더하기와 빼기는 계산 기술이 아니라 세계관이다.

존재는 고정되어 있지 않고, 끊임없이 변하며, 그 변화는 기록될 수 있다는 믿음. 이 믿음이 없었다면 계획도, 축적도, 문명도 불가능했을 것이다. 더하기와 빼기는 혼돈 속에서 질서를 읽어내려는 인간의 가장 오래된 시도이며, 지금도 여전히 유효한 사고의 도구다.

숫자는 이 변화의 기록지다.

더하기와 빼기는 그 기록을 시작하게 만든 최초의 문장이다.

항등식 $a + (-a) = 0$

'있음(a)'과 '부족함$(-a)$'이 만나 완벽한 균형(0)을 이루는 대칭의 원리로, 빼기를 단순한 제거가 아닌 '반대 방향의 존재'로 인식하게 만든 지적 혁명을 보여준다.

: 회계 및 재무관리(대차대조표) - 자산(더하기)과 부채(빼기)를 기록하여 기업의 재무 상태를 한눈에 파악하는 복식부기의 핵심 논리이다.

2

반복을 압축한 연산, 곱하기

더하기가 개별적인 변화 하나하나를 기록하는 방식이라면, 곱하기는 그 반복을 한 번에 묶어내는 연산이다. 곱하기는 수를 키우는 기술이 아니라, 늘어나는 정보를 견딜 수 있도록 인간의 사고를 확장한 압축의 언어다. 인류가 세상을 세기 시작했을 때 가장 먼저 마주한 문제는 숫자가 너무 많아진다는 사실이었다.

사과 한 개, 두 개를 세는 일은 어렵지 않다.

하지만 사과 다섯 개가 든 바구니가 백 개, 천 개가 되는 순간 이야기는 달라진다. 이 모든 것을 더하기로 처리한다면 인간의 기억과 시간은 감당할 수 없게 된다. 곱하기는 바로 이 지점에서 등장한다. 같은 크기의 덧셈이 반복된다는 사실을 인식하고, 그 반복 자체를 하나의 규칙으로 묶어내는 발상이다.

곱하기의 본질은 반복의 발견이다.

5라는 덩어리가 100번 등장한다는 사실을 이해하는 순간, 인류는 더 이상 5를 백 번 더하지 않아도 된다. 5×100이라는 단 하나의 기호로 같은 정보를 담을 수 있게 된다. 이는 계산의 단축이 아니라 사고의 전환이다. 세계를 개별 사건의 나열이 아니라, 구조와 패턴의 집합으로 바라보기 시작한 것이다.

우리는 학교에서 구구단을 외우며 곱셈을 배운다.

이 과정에서 곱셈은 암기의 대상이 되고, 의미는 빠르게 사라진다. 그러나 구구단은 곱셈의 결과가 아니라, 곱셈이 가진 압축 능력을 몸에 익히기 위한 훈련에 가깝다. 같은 연산을 반복하지 않아도 되는 상태에 도달하기 위한 기억의 지름길이다.

이 압축 능력은 인류의 활동 범위를 결정적으로 넓혔다.

구구단은 우리의 삶을 획기적으로 편하게 바꾸어주었다.

대항해 시대의 선원들은 별의 위치와 항로의 거리를 계산해야 했다. 반복되는 거리와 시간을 곱하지 못했다면, 항해는 감에 의존한 도박에 불과했을 것이다. 곱셈은 광활한 바다를 계산 가능한 공간으로 바꾸었다.

천문학에서도 곱셈은 결정적이었다.

행성의 공전 주기, 거리, 질량은 단순한 덧셈으로는 다룰 수 없다. 반복되는 운동과 비례 관계를 하나의 수식으로 묶어야만 우주의 질서를 설명할 수 있었다. 곱셈은 자연의 반복을 법칙으로 바꾸는 언어였다.

그럼에도 곱셈은 오랫동안 인간의 지적 한계를 시험하는 장벽이었다.

수의 크기가 커질수록 곱셈은 급격히 어려워진다. 17세기 이전까지 천문학자와 항해사들은 복잡한 곱셈 때문에 계산 실수와 싸워야 했다. 이 문제를 해결하기 위해 요한 네이피어는 로그를 발명한다. 곱셈을 덧셈으로 바꾸는 사고의 우회로였다. 이는 곱셈이 얼마나 중요한 동시에 부담스러운 연산이었는지를 보여준다.

기하학에서 곱셈은 전혀 다른 의미를 갖는다.

가로와 세로를 곱하면 면적이 된다. 이는 단순한 수의 증가가 아니다. 두 개의 독립적인 차원이 결합하여 새로운 공간을 만들어내는 창조적 연산이다. 더하기가 같은 차원의 확장이라면, 곱하기는 차원의 결합이다.

이 개념은 현대 과학 전반에 스며들어 있다.

질량에 가속도를 곱하면 힘이 되고, 전압에 전류를 곱하면 전력이 된다. 곱셈은 서로 다른 성질의 양을 결합해 전혀 새로운 의미를 만들어낸다. 이는 곱셈이 단순한 반복이 아니라 관계의 연산이라는 사실을 보여준다.

오늘날 곱셈은 눈에 보이지 않는 곳에서 세상을 움직인다.

항공우주공학에서는 수많은 변수들이 곱셈을 통해 결합되어 비행체의 안정성을 결정한다. 컴퓨터 그래픽에서는 수백만 개의 픽셀 좌표가 행렬 곱셈을 통해 동시에 이동한다. 우리가 보는 화면의 부드러운 움직임 뒤에는 곱셈의 압축 능력이 숨어 있다.

행렬 연산은 곱셈이 도달한 가장 현대적인 형태다.

수많은 연산을 하나의 구조로 묶어 처리하는 방식은 인간의 직접적인 계산 능력을 넘어선다. 하지만 이 복잡한 연산의 핵심에는 여전히 같은 질문이 있다.

"무엇이 반복되고 있는가, 그리고 그 반복을 하나로 묶을 수 있는가."

곱셈을 이해한다는 것은 반복을 견디는 것이 아니라, 반복을 지배하는 법을 익힌다는 뜻이다.

세상은 끊임없이 반복된다. 하루와 밤, 계절의 순환, 경제의 파동, 데이터의 흐름. 이 반복 속에서 규칙을 발견하지 못하면 인간은 피로해지고 압도당한다. 곱셈은 이 반복을 견딜 수 있는 최소한의 도구다.

중·고등학교에서 곱셈은 너무 빨리 당연해진다.

그래서 우리는 곱셈이 없었다면 어떤 세계에 살았을지를 상상하지 않는다. 모든 것을 일일이 더해야 하는 세계, 반복을 기억에만 의존해야 하는 세계. 그 세계에서 문명은 지금의 속도로 성장할 수 없었을 것이다.

곱셈은 계산을 빠르게 만든 연산이 아니다.

곱셈은 세계를 패턴으로 바라보게 만든 연산이다. 반복을 발견하고, 그것을 하나의 수식으로 압축함으로써 인간은 비로소 복잡한 현실을 관리할 수 있게 되었다. 이는 수학적 기술이 아니라 사고의 권력이다.

결국 곱셈은 인류가 얻은 가장 중요한 능력 중 하나다.

무한히 반복되는 세계 앞에서 무너지지 않고, 그 반복을 단 하나의 규칙으로 묶어내는 힘. 곱셈은 그 힘을 숫자로 표현한 가장 정직한 기록이다.

지수 법칙 $a^m \times a^n = a^{m+n}$

곱셈 자체가 덧셈의 압축이라면, 거듭제곱은 그 곱셈마저 다시 압축한 형태가 지수 법칙이다.

: 컴퓨터 그래픽 및 데이터 압축 - 수백만 개의 픽셀 데이터를 효율적으로 처리하거나, 거대한 데이터를 작은 용량으로 압축하여 전송하는 모든 디지털 기술의 기반이 되는 공식이다.

쪼개기와 비교하기의 두 얼굴, 나누기

사칙연산 가운데 나누기는 가장 늦게 이해된다.

더하기와 곱하기가 늘어나는 세계를 다룬다면, 나누기는 한정된 세계를 어떻게 다룰 것인가라는 질문을 던진다. 그래서 나누기는 계산법 이전에 태도의 문제다. 무엇을 기준으로 나눌 것인가, 무엇이 공정한가를 묻는 연산이기 때문이다.

나누기에는 서로 다른 두 가지 사고가 동시에 작동한다.

하나는 전체를 똑같은 크기로 쪼개는 분할의 사고이고, 다른 하나는 전체 안에 특정 단위가 몇 번 들어가는지를 묻는 측정의 사고다. 우리는 이 둘을 같은 기호로 처리하지만, 머릿속에서는 전혀 다른 질문을 하고 있다.

사과 12개를 3명에게 나누어 주는 상

황을 떠올려 보자.

이때 나누기는 정의의 문제다. 누구도 덜 받지 않고, 누구도 더 갖지 않도록 동일한 몫을 보장해야 한다. 이 단순한 계산은 공동체가 자원을 배분하는 가장 원초적인 규칙이었다. 나누기는 숫자의 문제가 아니라 신뢰의 문제였다.

반대로 "12 안에 3이 몇 번 들어 있는가"라는 질문은 전혀 다른 방향을 향한다.

이 질문은 쪼개는 것이 아니라 재는 것이다. 기준 단위를 하나 정해 놓고, 그 단위가 몇 번 반복되는지를 묻는다. 이 사고방식은 길이, 무게, 시간처럼 연속적인 세계를 측정 가능한 체계로 바꾸는 데 결정적인 역할을 했다.

이 두 얼굴은 인류 문명의 초기부터 분리되지 않은 채 발전해 왔다.

고대 이집트인들은 나일강의 범람 이후 사라진 토지 경계를 다시 정해야 했다. 땅을 공정하게 나누는 일과, 땅의 크기를 정확히 재는 일은 동시에 필요했다. 이 과정에서 복잡한 분수 계산이 발전했고, 정수만으로는 세계를 설명할 수 없다는 사실이 분명해졌다.

고대 이집트에서는 나일강이 범람할 때마다 새롭게 토지 측량을 해야 했다.

나누기는 인류를 정수의 안전한 세계 밖으로 밀어냈다.

나누어떨어지지 않는 상황은 늘 발생했고, 그때마다 인간은 더 미세한 수를 받아들여야 했다. 분수, 소수, 그리고 끝내는 무리수까지. 나누기는 수의 세계를 촘촘하게 만들며 현실에 더 가까이 다가갔다.

특히 나누기가 만들어낸 가장 강력한 개념은 비율이다.

비율은 크기를 말하지 않는다. 관계를 말한다. 두 양 사이의 상대적인 무게를 비교하는 언어다. 우리가 환율을 계산하고, 연비를 따지고, 가성비를 논할 수 있는 이유는 모두 나누기를 통해 기준을 세우는 법을 배웠기 때문이다.

같은 10이라도 무엇으로 나누느냐에 따라 의미는 완전히 달라진다.

10킬로미터를 1시간에 이동하는 것과 10킬로미터를 10시간에 이동하는 것은 전혀 다른 이야기다. 나누기는 절댓값을 상대화함으로써 상황을 해석하게 만든다. 이 능력은 현대 사회에서 필수적인 판단 도구다.

수학에서 "0으로 나눌 수 없다"는 규칙은 단순한 약속이 아니다.

그것은 기준이 사라진 비교는 성립하지 않는다는 선언이다. 나누기는 언제나 기준을 요구한다. 기준이 없는 나눗셈은 의미 없는 질문이 된다. 이 금기는 수학이 논리적 엄밀함을 어떻게 지켜왔는지를 상징한다.

몫과 나머지라는 개념 역시 중요하다.

모든 나눗셈이 깔끔하게 끝나지 않는다는 사실을 수학은 숨기지 않는다. 오히려 남는 것을 공식적으로 인정한다. 이는 세계가 항상 이상적인 분배를 허락하지 않는다는 현실을 정직하게 반영한 태도다. 나머지는 실패가 아니라, 현실의 흔적이다.

현대 과학과 기술에서 나누기는 극도로 정교한 형태로 사용된다.

항공우주공학자는 연료 소모량을 시간과 거리로 나누어 탐사선의 한계를 계산한다. 암호학자는 거대한 수를 소수로 나누는 과정에서 보안의 강도를 설계한다. 이 모든 계산의 핵심에는 비율과 기준이 있다.

중 · 고등학교에서 나누기는 종종 가장 싫어하는 연산이 된다.

분수가 나오고, 소수가 나오고, 나누어떨어지지 않는 순간 불안이 시작된다. 하지만 바로 그 지점이 나누기의 본질이다. 세계는 늘 깔끔하게 정리되지 않으며, 나누기는 그 불완전함을 다루는 연산이다.

나누기를 안다는 것은 답을 빨리 구하는 능력이 아니다.

전체를 어떻게 쪼갤 것인지, 어떤 기준으로 비교할 것인지, 남는 것을 어떻게 해석할 것인지에 대한 판단 능력이다. 이는 계산 기술이 아니라 사고의 균형감각이다.

결국 나누기는 세상을 해체하는 연산이다.

하지만 무작정 부수는 것이 아니라, 의미 있는 단위로 나누어 다시 이해하기 위한 해체다. 나누기를 통해 인간은 복잡한 전체 앞에서 길을 잃지 않고, 관계 속에서 균형을 잡는 법을 배웠다.

그래서 나누기는 가장 까다롭지만, 가장 인간적인 연산이다.

공정함과 효율, 기준과 비교, 완전함과 남김 사이에서 끊임없이 판단을 요구하기 때문이다. 나누기는 숫자를 다루는 기술이 아니라, 세상을 이해하는 태도다.

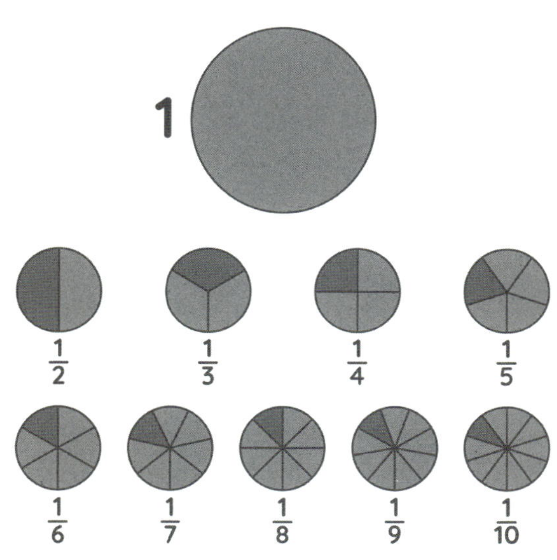

유리수의 정의 $Q = \left\{ \dfrac{a}{b} \mid a, b \in \mathbb{Z}, b \neq 0 \right\}$ ($\mathbb{Z}$는 정수)

정수만으로는 설명할 수 없는 '쪼개진 세계'를 분수라는 비율로 표현할 수 있게 되면서, 세상의 모든 관계를 측정 가능하게 되었던 획기적 발견이며 0으로는 나눌 수 없음을 보여주는 공식이다.

: 경제 지표, 암호학 등 - 환율, 이자율, 데이터 비율 분석 등 불완전한 현실 속에서 정밀한 기준과 공정한 배분의 근거를 세우는 데 사용된다.

사칙연산이 섞일 때, 우리가 헷갈리는 이유

　우리가 사칙연산 각각은 비교적 익숙하게 다루면서도 여러 연산이 한꺼번에 섞인 수식을 마주하는 순간 당황하는 이유는, 계산 능력이 부족해서가 아니라 연산들 사이에 존재하는 위계와 역할의 차이를 제대로 인식하지 못했기 때문이다.

　더하기, 빼기, 곱하기, 나누기는 모두 '계산'이라는 하나의 이름으로 묶여 있지만, 이들은 동일한 지위에 놓인 동등한 행위가 아니다.

　어떤 연산은 단순한 변화의 기록이고, 어떤 연산은 그 변화를 압축하거나 재구성하는 고차원의 조작이다. 이 차이를 무시한 채 숫자만 바라보면, 수식은 순식간에 의미 없는 기호의 나열로 변한다.

　역사적으로도 연산의 순서는 임의로 정해진 규칙이 아니었다.

　고대 바빌로니아와 그리스 수학자들은 이미 복잡한 계산을 다루면서, 어떤 연산을 먼저 처리하지 않으면 결과가 달라진다는 사실을 경험적으로 깨달았다. 특히 곱셈은 덧셈의 반복을 하나의 덩어리로 압축한 연산이었기 때문에, 이를 다시 덧셈과 같은 선상에서 처리하면 정보가 중복되거나 왜곡될 수밖에 없었다.

중세 이후 대수학이 본격적으로 기호화되면서, 수학자들은 계산 결과의 보편성을 지키기 위해 연산의 우선순위를 명시적으로 약속해야 했다.

괄호를 먼저 계산하고, 곱셈과 나눗셈을 덧셈과 뺄셈보다 앞세우는 규칙은 이렇게 오랜 시행착오 끝에 형성된 수학적 합의였다.

이 연산 질서의 중요성은 과학과 공학에서 더욱 분명해진다. 예를 들어 물리학에서 힘은 질량과 가속도의 곱으로 정의되는데, 이

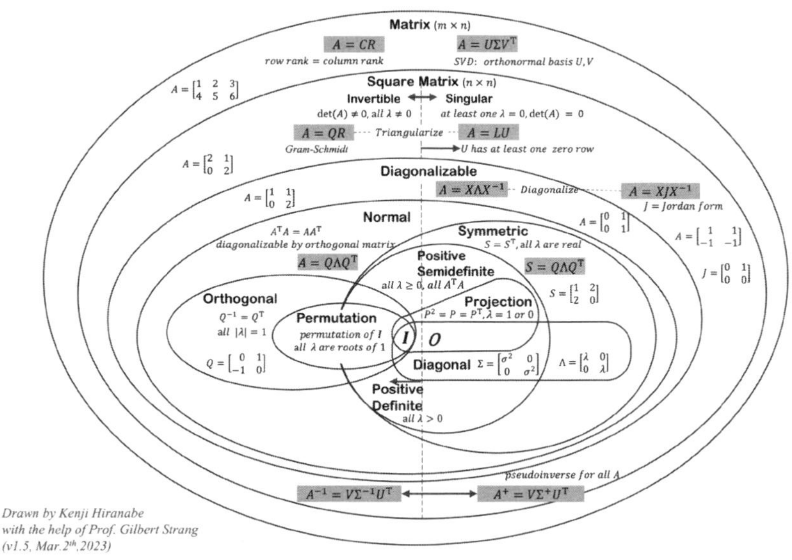

대수학의 예

곱셈이 먼저 계산되지 않는다면 이후의 모든 운동 방정식은 의미를 잃는다.

항공우주공학에서 로켓의 궤도를 계산할 때도 수많은 덧셈과 뺄셈이 등장하지만, 그 핵심은 연료 질량, 추력, 시간 같은 요소들이 곱셈과 나눗셈을 통해 어떻게 묶이고 비례 관계를 이루는가에 있다.

컴퓨터 내부에서 작동하는 계산 역시 마찬가지다. 프로그래밍 언어가 연산자 우선순위를 엄격하게 정의하지 않는다면, 동일한 코드가 실행 환경마다 다른 결과를 낳게 되고, 이는 현대 문명의 기반인 소프트웨어 신뢰성을 근본부터 흔들어 놓을 것이다.

우리가 혼합 연산에서 자주 실수하는 또 하나의 이유는 숫자의 크기에만 집착한 나머지, 연산 기호가 표현하는 '행위의 방향성'을 읽지 못하기 때문이다.

괄호는 단순히 계산을 귀찮게 만드는 장치가 아니라, 여러 사건을 하나의 의미 있는 묶음으로 보호하는 장치다. 괄호 안의 계산을 먼저 수행한다는 것은, 문제 속에서 가장 강하게 결합된 요소를 우선적으로 해석하겠다는 선언과 같다. 이는 복잡한 현실 문제를 다룰 때 핵심 변수부터 분리해 사고하는 전략과 정확히 닮아 있다.

$$8+2-6 \times 1+2 \div 2 = ?$$

이 문제에서 가장 먼저 계산해야 하는 것은 무엇일까?

결국 사칙연산이 섞인 계산을 이해한다는 것은 숫자를 빠르게 처리하는 기술을 넘어선다. 그것은 어떤 변화가 기본이고, 어떤 변화가 그 위에 덧붙여진 것인지를 구분하는 능력이며, 여러 층위의 사건을 질서 있게 정렬하는 사고 훈련이다.

수식 속의 엄격한 연산 순서는 혼란스러운 세계에서도 일관된 해석이 가능하도록 만들어 주는 최소한의 약속이며, 이 약속을 이해하고 존중하는 태도는 수학을 넘어 삶 전반의 판단 기준으로 확장된다.

사칙연산의 질서를 받아들인다는 것은, 무작위로 얽힌 현실 속에서도 무엇을 먼저 보고 무엇을 나중에 판단할지를 스스로 결정할 수 있는 논리적 중심을 세우는 일이다.

분배법칙 $a(b+c)=ab+ac$

괄호가 있는 혼합 계산에서 연산의 순서와 위계를 어떻게 조절하는지 보여주는 가장 대표적인 공식으로, 곱셈(ab, ac)이 덧셈보다 더 강하게 결합되어 있음을 보여준다.

: 소프트웨어 알고리즘 설계 - 컴퓨터가 수조 번의 연산을 수행할 때 오류 없이 논리적 순서에 따라 판단하도록 만드는 코딩의 절대 원칙이다.

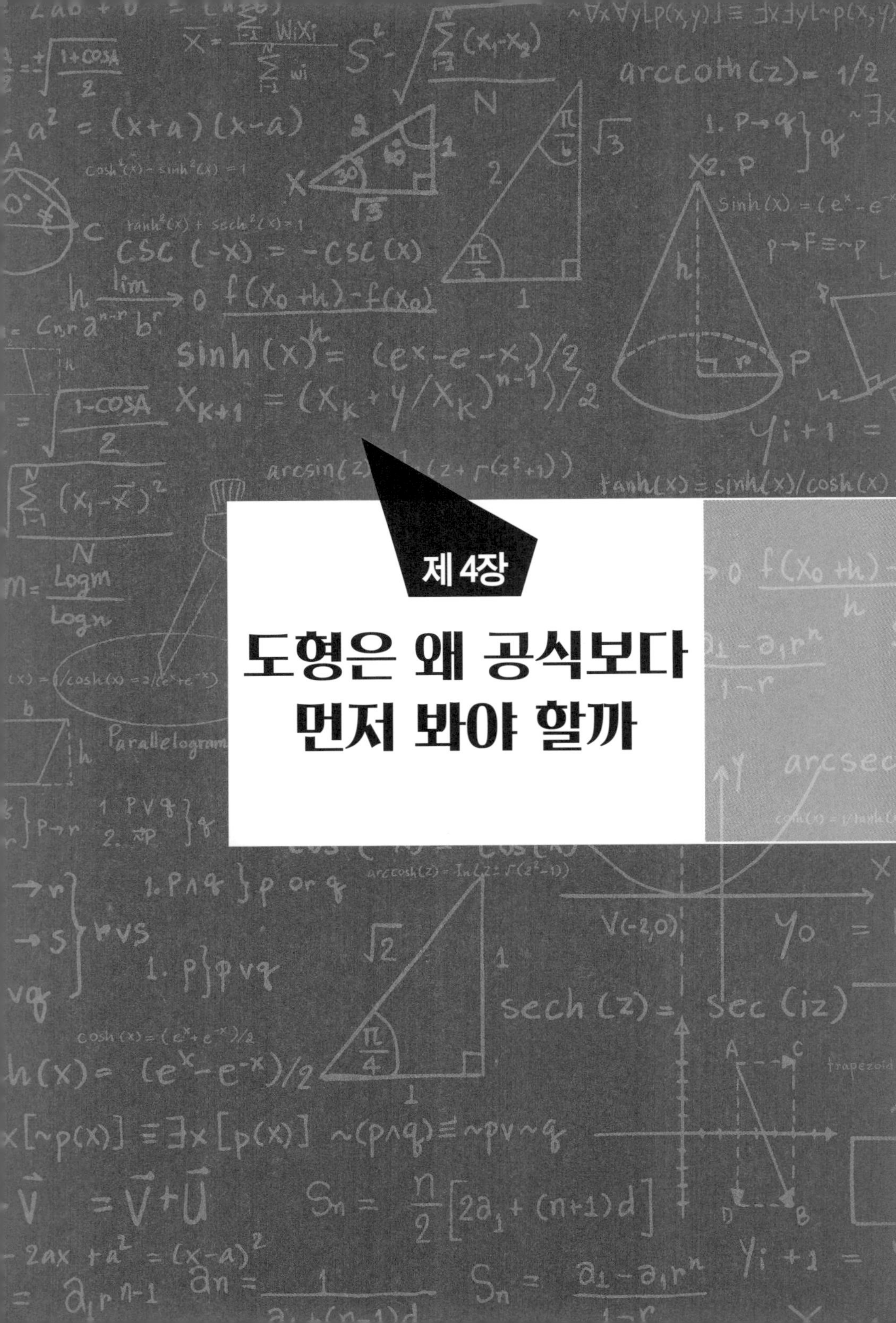
제 4장
도형은 왜 공식보다
먼저 봐야 할까

도형은 수학에서 가장 눈에 잘 보이는 개념이다. 하지만 아이러
니하게도 가장 공식 위주로 가르쳐진다. 면적과 둘레를 외우지만,
왜 그런 공식이 나왔는지는 설명되지 않는다. 이 장에서는 도형을
계산 대상이 아니라 공간을 이해하는 언어로 다룬다. 도형을 이해
하면, 많은 공식이 외울 필요가 없어진다.

1

점·선·면이 의미하는 것

기하학이라는 체계에 들어서는 순간 우리가 가장 먼저 마주하는 것은 점·선·면이라는 세 가지 극도로 단순한 개념이다. 이들은 너무나 기본적이어서 오히려 질문의 대상이 되지 못한 채, 종이 위에 찍힌 흔적이나 칠판에 그려진 도형으로만 소비되어 왔다. 그러나 기하학이 단순히 도형을 다루는 학문이 아니라, 인간이 세계를 공간적으로 이해하기 위해 만들어낸 사고의 언어라는 점을 떠올리면, 점·선·면은 단순한 그림이 아니라 현실을 해석하는 가장 압축된 개념 장치임을 알 수 있다.

기하학(geometry)이라는 말의 어원이 '땅'을 뜻하는 ge와 '측정하다'를 의미하는 metrein의 결합이라는 사실은 우연이 아니다. 이 학문은 본래 추상적 아름다움을 탐구하기 위해 태어난 것이 아니라, 범람으로 경계가 사라진 토지를 다시 나누고, 구조물을 세우고, 거리를 재기 위해 필요했던 극히 현실적인 문제 해결에서 출발했다.

혼란스러운 자연 공간을 논리적으로 다루기 위해 인류는 먼저 '어디에 있는가'를 정의해야 했고, 그 질문에 대한 가장 단순한 대답이 바로 점이었다.

점은 크기도 넓이도 없는 존재다. 오직 위치만을 가진다. 이 사실은 점이 현실에 존재하지 않는다는 뜻이 아니라, 오히려 현실을 다루기 위해 반드시 필요한 가상의 기준이라는 의미다.

지도 위의 한 지점, 별자리 속의 한 별, GPS 좌표 하나는 모두 점의 사고로 환원된다. 점은 대상 그 자체가 아니라, 대상을 세계 속에 놓기 위한 좌표의 선언이다. 모든 공간적 사고는 '여기'라는 하나의 점을 설정하는 순간 시작된다.

이 점이 이동한 궤적이 선이 된다. 선은 점들의 집합이지만, 단순한 나열이 아니라 방향성과 연속성을 획득한 존재다.

선이 등장하는 순간, 공간에는 '흐름'이라는 개념이 생긴다. 길, 시간의 진행, 속도의 방향은 모두 선의 사고로 표현된다. 고대 문명에서 강과 도로가 문명의 축이 되었던 이유 역시, 선이 단순한 경로를 넘어 질서와 통제의 기준이 되었기 때문이다. 선은 점과 점 사이의 관계를 드러내는 최소 단위의 구조다.

선이 방향을 바꾸고 겹치며 닫힐 때, 비로소 면이 탄생한다.

면은 영역을 만들고, 안과 밖을 구분한다. 이는 단순한 확장이 아니라 사고의 질적 도약이다.

면이 생기는 순간, 공간은 측정의 대상이 된다. 넓이를 비교할 수 있고, 내부를 정의할 수 있으며, 경계를 설정할 수 있다. 토지 소유, 국가의 영토, 건축 설계는 모두 면의 개념 위에서 가능해졌다. 면은 공간을 '쓸 수 있는 자원'으로 바꾸는 결정적인 사고 도구다.

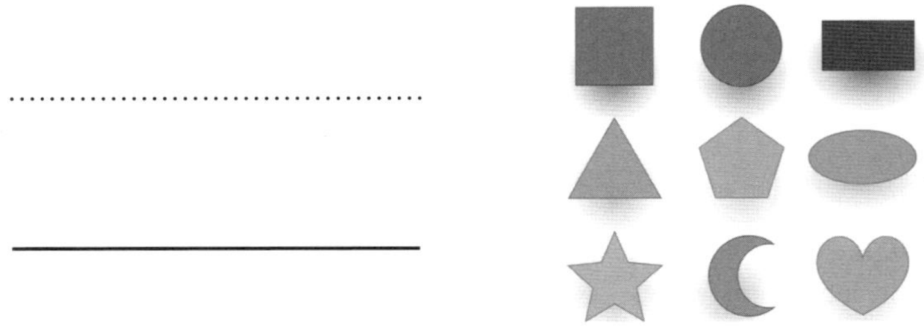

유클리드는 이 점 · 선 · 면에 명확한 정의를 부여하며 공리적 체계를 세웠다. 이는 눈에 보이는 현실을 그대로 설명하려는 시도가 아니라, 현실을 설명할 수 있는 가장 단순한 전제부터 다시 세우려는 지적 혁명이었다.

보이지 않는 점에서 시작해, 보이는 세계를 설명하는 방식은 이후 수학뿐 아니라 논리학과 과학 전반에 깊은 영향을 미쳤다. 현대 과학이 복잡한 현상을 최소 단위의 모델로 환원해 설명하는 태도 역시, 이 기하학적 사고의 연장선에 있다.

오늘날 선형대수학에서 다루는 벡터와 공간, 그리고 일차변환은 점·선·면의 사고를 고차원으로 확장한 결과다. 컴퓨터 그래픽에서 화면에 보이는 모든 입체 물체는 수많은 점의 좌표와 이들을 잇는 선, 그리고 그 선들이 이루는 면의 조합으로 표현된다.

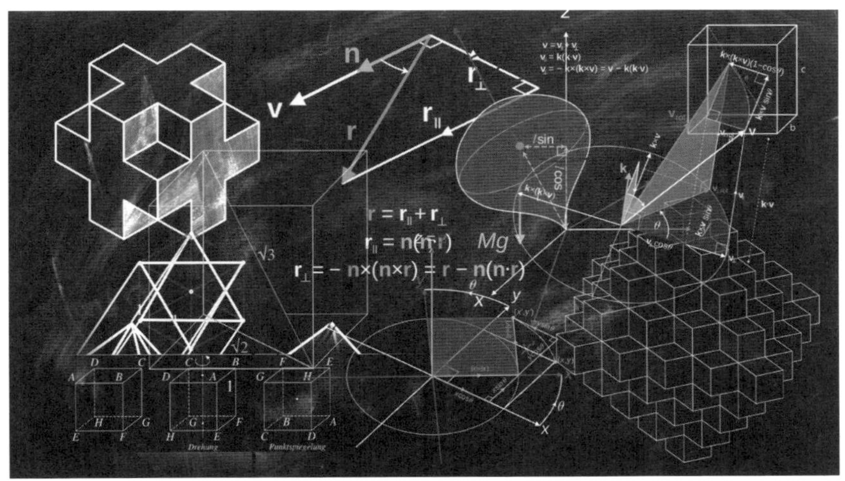

선형대수학의 예

항공우주공학에서 비행 경로를 계산하고, 물리학에서 장(field)을 모델링하는 과정 역시 공간을 점과 방향, 영역의 언어로 재해석하는 작업이다.

결국 점·선·면을 이해한다는 것은 도형을 잘 그리는 능력을 의미하지 않는다. 그것은 세상을 위치, 관계, 영역이라는 세 가지 관점으로 분해해 사고할 수 있는 틀을 갖추는 일이다.

무질서해 보이는 공간 속에서 기준점을 세우고, 흐름을 읽고, 경계를 설정하는 능력은 수학을 넘어 삶의 판단에서도 반복해서 작동한다.

점·선·면은 종이 위의 기초 도형이 아니라, 인간이 세계를 이해하기 위해 발명한 가장 오래되고도 강력한 공간 인식의 언어다.

직선의 방정식 $ax + by + c = 0$

점 (x, y)들이 정한 규칙에 따라 일렬로 배열된 상태를 수식으로 표현한 것이다. 이때 a와 b는 직선의 기울기(방향)을 결정하고, c는 그 직선이 평면 위에서 어느 위치에 놓이는지를 결정한다.

: 벡터 그래픽 및 폰트 디자인 - 컴퓨터에서 글자나 로고를 확대해도 깨지지 않게 그리는 기술(SVG)은 점의 위치와 연결하는 선의 공식을 저장하는 기하학적 원리를 이용한 것이다.

도형은 왜 현실에서 자주 등장하는가

현실 세계를 한 걸음 물러서서 바라보면, 우리는 생각보다 훨씬 단순한 형태들 속에서 살아가고 있음을 깨닫게 된다.

도시의 건물은 대부분 사각형의 조합으로 이루어져 있고, 다리는 삼각형의 뼈대를 숨기고 있으며, 바퀴와 관, 행성은 원과 곡선의 형태를 띤다. 이는 인간이 상상력을 발휘해 임의로 선택한 디자인의 결과가 아니라, 자연과 문명이 수천 년에 걸쳐 반복 실험한 끝에 도달한 가장 안정적인 해답들이다.

도형은 교과서 속에만 존재하는 추상 개념이 아니라, 현실이 스스로 선택해 온 구조적 언어다.

자연은 언제나 조건을 부과한다. 중력은 아래로 끌어당기고, 압력은 구조를 찌그러뜨리며, 에너지

는 가능한 한 적게 쓰이기를 요구한다.

이러한 제약 속에서 살아남기 위해 자연과 생명은 가장 효율적인 형태를 선택해 왔다. 도형은 이 과정에서 등장한 결과물이지, 원인이 아니다. 다시 말해 도형은 자연 법칙이 만들어낸 흔적이며, 우리가 그것을 기하학이라는 이름으로 뒤늦게 정리했을 뿐이다.

벌집의 육각형 구조는 이 사실을 가장 명확하게 보여준다.

원형은 공간을 효율적으로 감싸지만 서로 맞닿을 수 없고, 사각형은 채우기 쉽지만 재료 대비 안정성이 떨어진다.

육각형은 이 둘 사이의 절묘한 균형점에 위치한다. 가장 적은 둘레로 가장 넓은 면적을 만들고, 힘을 균등하게 분산시키며, 빈틈없이 공간을 채운다. 벌은 수학을 알지 못하지만, 자연 선택은 벌에게 최적의 기하학을 부여했다.

이 구조는 수학자들이 증명한 최소 둘레 분할 문제의 해답과 정확히 일치한다.

인류의 건축사 역시 도형과의 협상의 역사다.

고대 이집트의 피라미드는 단순한 권력의 상징이 아니라, 거대한 질량을 안정적으로 지면에 전달하기 위한 가장 합리적인 형태였다. 위로 갈수록 가벼워지는 사각뿔 구조는 중력에 대한 정직한 응답이었고, 수천 년이 지난 지금까지도 그 형태가 유지되고 있다는 사실이 그 타당성을 증명한다.

로마의 아치와 돔은 또 다른 해답이다. 직선이 아닌 곡선을 선택함으로써 압축력을 측면으로 흘려보내고, 무너짐 대신 균형을 선택했다.

원은 자연이 가장 자주 사용하는 도형 중 하나다. 모든 방향에서 중심까지의 거리가 같다는 이 단순한 성질은 물리적으로 극히 강력하다.

비눗방울이 둥글게 맺히는 이유는 표면장력을 최소화하기 위해서이며, 행성과 별이 구형에 가까운 형태를 띠는 이유는 중력이 모든 방향에서 동일하게 작용하기 때문이다. 원은 대칭성의 극단이며, 자연이 에너지를 절약할 때 가장 먼저 선택하는 형태다.

현대 공학은 이러한 도형의 성질을 극한까지 활용한다. 항공우주공학자가 비행기 날개의 단면을 설계할 때 직선을 버리고 곡선을 택하는 이유는 미적 취향

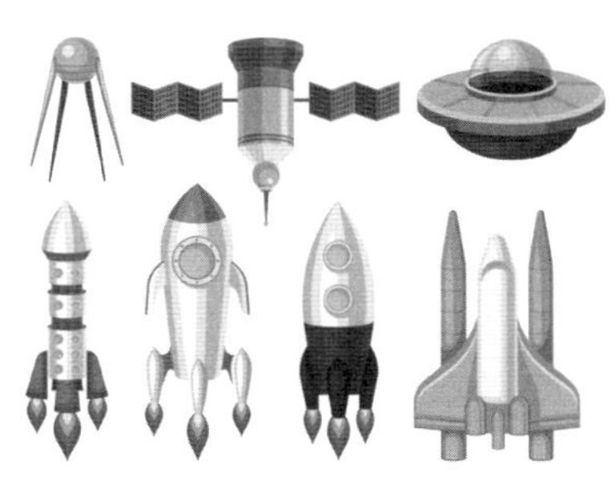

때문이 아니다. 공기의 흐름은 각진 모서리에서 난류를 만들고, 매끄러운 곡선에서는 에너지를 보존한다. 날개의 각도와 곡률은 단순한 형상이 아니라, 공기 저항과 양력이라는 물리량을 기하학적으로 조율한 결과다. 우주선의 외형 역시 대기권 재진입 시 발생하는 극단적인 열과 압력을 견디기 위해 계산된 도형의 집합이다.

천문학에서 행성의 궤도가 원이 아닌 타원이라는 사실 역시 도형

이 자연 법칙을 기록하는 방식임을 보여준다. 케플러의 법칙은 행성의 움직임을 설명하지만, 그 본질은 중력이라는 힘이 공간 속에서 만들어내는 기하학적 흔적을 해석한 결과다. 타원은 단순한 모양이 아니라, 질량과 거리, 속도의 균형이 만들어낸 궤적이다. 우리는 도형을 통해 힘을 '본다'.

일상에서도 우리는 이 도형적 신뢰 위에 판단을 내린다. 삼각형 구조의 다리를 보면 본능적으로 안정감을 느끼고, 원형 바퀴에서 부드러운 이동을 기대한다. 이는 경험의 축적이기도 하지만, 동시에 도형이 가진 물리적 필연성을 무의식적으로 인식한 결과다. 도형은 장식이 아니라 기능이며, 선택이 아니라 응답이다.

도형이 현실에 자주 등장하는 이유는 그것이 우주의 법칙을 가장 단순하고 투명하게 드러내기 때문이다. 자연은 수식을 쓰지 않지만, 형태로 답을 남긴다. 인간은 그 형태를 관찰하고, 이름을 붙이고, 공식으로 정리한다. 기하학은 자연이 먼저 써 내려간 설계도를 해독하려는 인간의 시도다.

결국 도형을 이해한다는 것은 그림을 외우는 일이 아니다. 그것은 보이지 않는 힘이 왜 그런 흔적을 남겼는지를 묻는 일이며, 현실이 선택한 해답의 논리를 읽어내는 훈련이다. 삼각형, 사각형, 원은 교과서 속 도형이 아니라, 자연과 문명이 수천 년에 걸쳐 검증한 가장 신뢰할 수 있는 형태의 언어다.

중심에서 같은 거리(r)에 있는 모든 점의 집합 공식으로, 에너지를 최소화하고 힘을 모든 방향으로 균등하게 분산시키려는 자연의 의지가 담긴 가장 효율적인 설계도이다.

: 건축 공학(돔 구조) 및 부품 설계 - 압력을 견뎌야 하는 터널, 탱크, 바퀴 등을 설계할 때 힘을 고르게 분산시켜 파손을 막는 핵심 원리로 쓰인다.

넓이와 부피는 무엇을 재는가

학교에서 우리는 넓이와 부피를 계산하는 법을 비교적 이르게 배운다. 삼각형의 넓이는 밑변 곱하기 높이의 절반, 직육면체의 부피는 가로·세로·높이를 곱하면 된다고 외운다.

시험에서는 이 공식을 얼마나 빠르고 정확하게 적용하는지가 중요했다. 그러나 계산이 끝난 뒤, 그 숫자가 무엇을 의미하는지까지 묻는 경우는 드물었다.

넓이와 부피는 단순한 계산 결과가 아니라, 인간이 공간을 이해하고 소유하며 관리하기 위해 만들어낸 가장 근본적인 질문의 답이다.

넓이란 무엇인가?

그것은 평면 위에서 우리가 차지하고 있는 공간의 양이다. 다시 말해, '얼마나 펼쳐져 있는가'를 묻는 개념이다.

이 질문은 추상적 사유에서 출발한 것이 아니라 극도로 현실적인 필요에서 탄생했다.

고대 사회에서 땅은 생존 그 자체였다. 경작할 수 있는 면적이 곧 식량의 양이었고, 국력과 직결되었다. 나일강이 범람한 뒤 경계가 사라진 토지를 다시 나누어야 했던 이집트인들에게 넓이를 잰다는 것은 정의의 문제이자 생존의 문제였다. 기하학이 탄생한 배경에는 언제나 땅을 다시 재야 한다는 절박함이 있었다.

넓이를 잰다는 것은 연속적인 평면을 인간이 만든 단위로 잘게 나누어 세는 행위다.

우리가 가로와 세로를 곱하는 이유는 단순하다. 그 공간 안에 가로 1, 세로 1인 정사각형이 몇 개 들어가는지를 묻고 있기 때문이다.

공식은 계산을 빠르게 해주는 압축된 언어일 뿐, 본질은 '단위의 개수'를 세는 데 있다. 이 단위 개념이 없었다면, 넓이는 감각적인 인상에 머물렀을 것이다. 넓이를 수로 표현한다는 것은 공간을 소유와 분배의 대상으로 바꾸는 결정적인 전환이었다.

부피는 이 질문을 한 차원 더 깊게 확장한다.

부피는 단순히 '얼마나 넓은가'가 아니라 '얼마나 담을 수 있는가'를 묻는다. 이는 인간이 3차원 세계를 인식하기 시작했음을 의미한다.

숨을 쉴 수 있는 공간, 물과 곡물을 저장할 수 있는 그릇, 사람이 머무를 수 있는 방의 크기… 이 질문은 부피로 수렴된다. 부피는 공간의 존재감을 측정하는 언어다.

아르키메데스의 일화는 이 개념의 전환점을 상징적으로 보여준다.

왕관이 순금인지 아닌지를 확인하기 위해 그는 무게가 아니라 부피에 주목했다. 같은 무게라도 부피가 다르면 밀도가 달라진다는 사실을, 그는 욕조에서 물이 넘치는 순간 직관적으로 깨달았다.

이 '유레카'의 순간은 단순한 발견이 아니라, 부피가 물질의 본질을 드러내는 핵심 척도임을 보여준 사건이었다. 부피는 겉모습이 아니라 내부의 충만함을 재는 기준이 되었다.

수학적으로 넓이와 부피는 동일한 사고 구조를 공유한다.

넓이는 2차원에서의 단위 축적이고, 부피는 여기에 높이라는 축이 하나 더 추가된 결과다. 그래서 우리는 넓이를 구할 때 두 방향을 곱하고, 부피를 구할 때는 그 곱에 다시 하나의 방향을 더 곱한다. 이는 공간을 구성하는 독립적인 방향들이 결합해 전체를 만든다는 기하학적 사고의 표현이다.

정육면체의 부피를 구하는 공식은 결국 '한 변이 1인 작은 큐브가 몇 개 들어가는가'를 묻는 질문을 압축한 결과다.

이 구조를 이해하면 미적분학의 핵심 아이디어도 갑자기 낯설지 않게 다가온다.

적분은 복잡한 곡선 아래의 넓이나 부피를 구하는 도구지만, 그 본질은 매우 단순하다. 아주 얇은 넓이의 조각들을 무수히 쌓아 전체를 구성하는 것이다. 이는 넓이와 부피 개념의 자연스러운 연장선에 있다.

연속적인 공간을 무한히 잘게 나누어 단위의 합으로 이해하려는 시도는, 인간 이성이 공간을 끝까지 파악하려는 집요함의 표현이다.

현대 과학과 공학에서 넓이와 부피는 생존과 직결된 계산으로 등장한다.

인공위성의 연료 탱크 용량을 계산하는 일은 단순한 수학 문제가 아니다. 그 부피는 위성이 임무를 수행할 수 있는 시간과 직결되며, 실패는 곧 수억 달러의 손실로 이어진다. 우주선 내부의 가용 부피는 우주비행사의 생존 공간이 되며, 극한의 환경에서 인간이 머물 수 있는 조건을 결정한다. 궤도역학에서 위성이 '점유하는 공간'을 계산한다는 것은, 충돌을 피하고 안정적인 궤도를 유지하기 위한 필수 조건이다.

지구로 시선을 돌려도 상황은 다르지 않다.

도시의 인구 밀도, 건축물의 용적률, 저수지의 저장 용량, 대기의 부피 등과 관련된 문제들은 결국 넓이와 부피의 언어로 표현된다. 우리는 유한한 지구에서 살아가고 있으며, 이 유한함을 가장 정직하게 드러내는 수단이 바로 공간의 양을 재는 일이다. 넓이와 부피는 자원의 한계를 가시화하는 도구다.

그래서 넓이와 부피는 단순한 숫자가 아니다.

그것은 우리가 세계를 얼마나 차지하고 있는지, 또 얼마나 더 담을 수 있는지를 묻는 질문이다. 공간을 수치로 환원하는 순간, 우리는 그것을 관리하고 계획할 수 있게 된다. 문명은 이 계산 위에서

우리가 살고 있는 지구의 자원은 유한하다. 때문에 우리는 수학을 이용해 이를 관리하려고 노력 중이다.

유지된다.

학교에서 외웠던 공식들은 이 거대한 역사와 사고의 결과를 한 줄로 요약한 것에 불과하다.

공식을 잊어도 괜찮다. 그러나 넓이와 부피가 무엇을 재고 있는지, 왜 인간이 이 개념을 필요로 했는지를 이해한다면, 그 공식은 언제든 다시 만들어낼 수 있다.

넓이와 부피는 공간을 정복하려는 인간의 오만이 아니라, 유한한 세계 안에서 합리적으로 살아가기 위한 가장 겸손한 언어다.

구의 부피 $V = \dfrac{4}{3}\pi r^3$

피자 한 판(넓이)은 바닥에 놓인 크기만 중요하지만, 수박 한 통(부피)은 수박의 반지름이 딱 2배만 커져도, 우리가 먹을 수 있는 속부분이 $2 \times 2 \times 2$가 되어 8배가 더 많아진다. 즉 부피는 그 속을 얼마나 꽉 채우고 있는지 또는 속이 찬 정도를 알려주는 공식이다.

: 물류 및 에너지 저장(탱크 설계) - 가스 저장 탱크의 용량이나 우주선의 연료 탱크 설계 등 유한한 자원을 얼마나 담을 수 있는지 계산하는 모든 설계의 기초 공식이다.

4

기하가 과학과 기술의 기초가 되는 이유

기하학은 종종 오래된 수학, 혹은 이미 완성된 학문처럼 오해된다. 점과 선, 삼각형과 원을 배우는 단계에서 멈춘 학문이라는 인상 때문이다. 그러나 실제로 기하학은 현대 과학과 기술을 떠받치는 가장 단단한 주춧돌이다. 그것은 눈에 보이는 도형의 성질을 연구하는 데서 끝나지 않고, 눈에 보이지 않는 물리 현상과 복잡한 시스템을 이해하고 설계하기 위한 가장 강력한 추상적 틀을 제공한다.

기하학의 힘은 '형태를 부여하는 능력'에서 나온다.

자연 현상은 대부분 수식이나 문장으로 설명하기 어렵다. 힘은 방향을 가지고 작용하고, 시간은 흐르며, 공간은 휘어진다. 이 복잡한 현실을 인간이 다루기 위해 선택한 방법이 바로 공간적 구조로 치환하는 것이었다. 기하학은 논리에 모양을 입히고, 관계에 위치를 부여하는 언어다.

우리가 일상적으로 사용하는 GPS 시스템은 이 사실을 가장 직관적으로 보여준다.

스마트폰이 현재 위치를 알려주는 과정은 첨단 기술의 결정체처럼 보이지만, 그 핵심 원리는 놀라울 만큼 단순하다.

인공위성 세 곳 이상에서 보내는 신호가 도달하는 지점을 공간에서 교차시키는 삼각측량이다.

이는 순수 기하학의 문제다. 각 위성으로부터의 거리 정보를 반지름으로 하는 구를 그리고, 그 구들이 만나는 지점을 찾는 과정에서 우리의 위치는 결정된다. 몇 미터의 오차를 줄이기 위해 동원되는 모든 기술은 결국 이 기하학적 교차점을 얼마나 정확하게 계산할 수 있는가에 달려 있다.

항공우주공학에서 기하학은 선택이 아니라 생존의 조건이다.

비행체의 경로를 추적하고, 자세를 제어하며, 고장의 원인을 규명하는 과정은 모두 공간에서의 위치와 방향을 다루는 문제다.

항공우주공학자는 수많은 수학적 모델을 사용하지만 그 바탕에는 언제나 기하학적 구조가 깔려 있다. 궤도는 곡선으로 표현되고, 자세 변화는 회전으로 나타나며, 센서 데이터는 좌표계 위에 배치된다. 기하학 없이는 이 모든 정보가 흩어진 숫자 덩어리에 불과하다.

물리학으로 시선을 옮기면 기하학의 위상은 더욱 분명해진다.

아인슈타인의 일반상대성이론은 중력이 힘이 아니라 공간의 곡률이라는 급진적인 관점을 제시했다. 질량이 공간을 휘게 만들고, 그

휘어진 공간을 따라 물체가 움직인다는 설명은 수식 이전에 기하학적 상상력을 요구한다.

우주의 구조 자체를 하나의 거대한 도형으로 이해하는 이 관점은, 우리가 세계를 바라보는 방식을 근본적으로 바꾸어 놓았다. 이 이론에서 중력은 더 이상 끌어당기는 작용이 아니라, 공간의 형태 그 자체다.

선형대수학 역시 기하학의 확장된 언어다.

벡터와 행렬은 단순한 숫자 배열이 아니라, 공간에서의 이동과 회전을 표현하는 도구다. 자율주행 자동차가 카메라와 라이다 센서를 통해 주변 환경을 인식할 때, 이 데이터들은 모두 좌표 공간 위에 배치되고 변환된다. 노이즈가 섞인 수많은 측정값 중에서 가장 신뢰할 수 있는 위치를 추정하기 위해 사용하는 최소제곱법 또한, 기하학적으로는 여러 점 사이의 '가장 가까운 거리'를 찾는 문제다.

로봇 공학에서도 상황은 같다.

로봇 팔의 끝단이 정확한 위치에 도달하기 위해서는 각 관절의 회전 각도와 길이가 공간적으로 어떻게 결합되는지를 계산해야

아인슈타인의 일반상대성이론 속 중력의 작용 모습

한다. 이는 순수한 기하학 문제다. 복잡한 방정식 뒤에는 언제나 "이 점은 이 선을 따라 이 각도로 이동한다"는 공간적 서술이 숨어 있다.

건축공학에서 기하학은 안정성과 직결된다.

수백 미터 높이의 마천루가 무너지지 않고 서 있을 수 있는 이유는 하중이 어떤 경로로 전달되는지를 기하학적으로 계산했기 때문이다. 삼각형 구조가 반복적으로 사용되는 이유는 변형에 강한 형태이기 때문이다. 곡면으로 설계된 지붕과 외벽은 바람과 압력을 분산시키는 역할을 한다. 여기서 기하학은 미적 선택이 아니라 구조적 필연이다.

미시 세계로 내려가면 기하학은 또 다른 모습으로 등장한다.

화학자와 생물학자는 분자의 구조를 이해하기 위해 원자들의 기하학적 배치를 분석한다. 같은 원자 조합이라도 배열이 달라지면 완전히 다른 성질을 띤다. 단백질의 접힘 구조, 약물이 수용체에 결합하는 방식은 모두 공간적 맞물림의 문제다. 신약 개발에서 기하학은 눈에 보이지 않는 생화학적 상호작용을 예측하는 지도 역할을 한다.

정보 기술 분야에서도 기하학은 핵심 언어다.

그래프 이론은 네트워크를 점과 선으로 표현함으로써 데이터의 흐름을 시각화하고 최적화한다. 인터넷 패킷이 어떤 경로를 따라 이동해야 가장 효율적인지, 반도체 회로에서 신호가 어떻게 배치되어야 충돌을 피할 수 있는지는 모두 기하학적 배치 문제로 환원된다. 불대수와 논리 회로 역시 추상적 논리를 공간적 구조로 구현한 결과다.

이 모든 사례가 가리키는 결론은 하나다.

기하학이 과학과 기술의 기초가 되는 이유는 그것이 형체 없는 논리에 구조를 부여하기 때문이다. 보이지 않는 관계를 보이는 배치로 바꾸고, 복잡한 상호작용을 공간적 질서로 정리해준다. 인간은 이 구조를 통해 현상을 예측하고, 설계하고, 통제할 수 있게 된다.

기하학적 사고를 갖춘다는 것은 단순히 도형을 잘 그리는 능력이 아니다.

그것은 복잡한 문제를 공간적 관계로 재배치하고, 선후와 구조를 파악해 해결하는 능력이다. 이는 과학자와 공학자에게만 필요한 사고가 아니다. 우리가 일상에서 문제의 핵심을 정리하고 우선순위를 세우는 과정 또한 기하학적 사고의 연장선에 있다.

결국 기하학은 세상을 그리는 설계도다.

그리고 그 설계도를 현실의 기술로 구현하는 가장 강력한 엔진이기도 하다. 눈에 보이는 도형에서 출발한 이 오래된 학문이, 오늘날 가장 첨단의 과학과 기술을 가능하게 만드는 이유는 바로 여기에 있다.

기하학은 과거의 유산이 아니라, 인간이 세계를 이해하고 재구성하는 방식 그 자체다.

원자들의 배치를 분석하고 반도체 회로가 잘 작동하도록 하기 위한 배치 문제는 모두 기하학을 기반으로 하고 있다

피타고라스 정리 $a^2 + b^2 = c^2$

직접 가보거나 자로 재지 않아도, 보이지 않는 두 지점 사이의 최단 거리를 수학적으로 완벽하게 계산할 수 있도록 해준 공식이다. 그리고 인류는 피타고라스 정리를 이용해 직접 가보지 않고도 별 사이의 거리나 비행기의 고도를 계산할 수 있게 되었다.

: GPS 위성 항법 및 로봇 경로 탐색 위성과의 거리를 이용해 현재 위치를 좌표로 환원하거나, 로봇 팔이 목표 지점에 도달하기 위해 움직여야 할 거리와 각도를 계산하는 데 필수적인 공식이다.

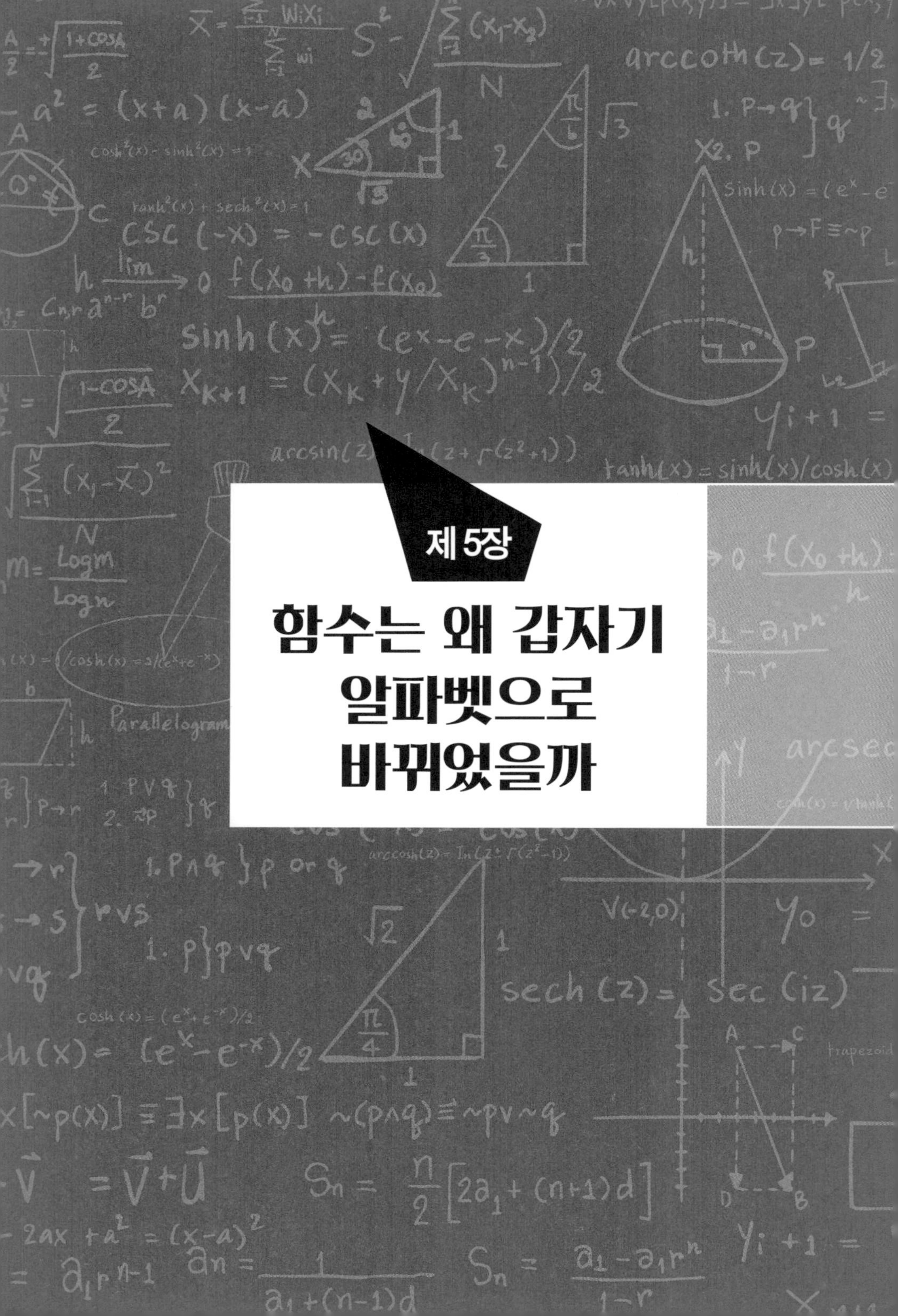
제 5장
함수는 왜 갑자기
알파벳으로
바꾸었을까

함수는 많은 사람이 이해를 포기한 순간으로 기억하는 개념이다. 숫자 대신 x와 y가 등장하고, 그래프가 갑자기 튀어나온다. 하지만 함수는 새로운 개념이 아니라, 우리가 이미 쓰고 있던 생각을 정리한 것이다. 이 장에서는 함수를 수식이 아니라 변화의 설명서로 다시 정의한다. 함수가 무엇을 설명하려는 도구인지 알면, 알파벳은 더 이상 위협이 아니다.

함수는 규칙이다

수학을 공부하는 과정에서 많은 사람들이 '여기서부터는 나와 맞지 않는다'고 느끼는 지점이 함수라는 사실은 우연이 아니다. 덧셈과 곱셈처럼 손에 잡히던 계산이 사라지고, 그 자리를 x와 y라는 기호가 대신하면서 수학은 갑자기 현실과 분리된 추상 세계처럼 보이기 시작한다.

그러나 이 단절감은 함수가 현실과 동떨어져 있기 때문이 아니라, 오히려 함수가 현실을 너무 직접적으로 다루기 때문에 생긴다.

함수는 수를 계산하는 기술이 아니라, 세상에서 일어나는 변화들 사이의 규칙을 드러내는 언어다. 우리가 함수 앞에서 막막함을 느끼는 이유는, 그것이 계산의 단계를 넘어 사고방식 자체의 전환을 요구하기 때문이다.

인류는 처음부터 세상을 숫자로 이해하지 않았다. 대신 반복을 관찰했고, 일정한 순서를 발견했으며, 조건과 결과 사이의 연결을 직감적으로 받아들였다.

낮과 밤의 교대, 계절의 순환, 비가 오면 강이 불어난다는 경험은 모두 '어떤 입력이 주어지면 어떤 결과가 따른다'는 대응 관계를 전제로 한다.

고대 바빌로니아의 점성술 기록이나 이집트의 농업 달력은 미신이나 경험의 산물이 아니라, 당시로서는 가장 정교한 함수적 관측 기록이었다.

이들은 아직 수식을 만들지는 못했지만, 세계가 무작위가 아니라 규칙에 의해 움직인다는 믿음을 공유하고 있었다.

함수라는 개념이 수학적으로 명확해진 것은 17세기에 들어서면서이다. 이전까지 수학은 주로 '정해진 값'을 다루는 학문이었지만, 근대 과학이 등장하면서 상황은 바뀐다. 행성은 멈춰 있지 않고 움직였고, 물체의 속도는 계속 변했으며, 자연 현상은 고정된 숫자로 설명되지 않았다. 이때 함수는 변화를 다루기 위한 불가피한 선택이었다. 따라서 라이프니츠와 뉴턴이 미적분을 통해 보여준 것은 결과값 자체가 아니라, 변화가 생성되는 규칙이었다. 그리고 함수는 더 이상 하나의 계산 결과가 아니라, 변화의 법칙을 담는 그릇이 된다.

x와 y라는 기호 역시 이 맥락에서 이해해야 한다. x는 모르는 수가 아니라, 변화가 일어나는 조건의 자리이며, y는 그 조건이 만들어내는 결과다.

함수식은 '답이 얼마인가'를 묻는 문장이 아니라, '이 조건이 이렇게 바뀌면 결과는 어떤 경로를 따라 변하는가'를 보여주는 지도에 가깝다.

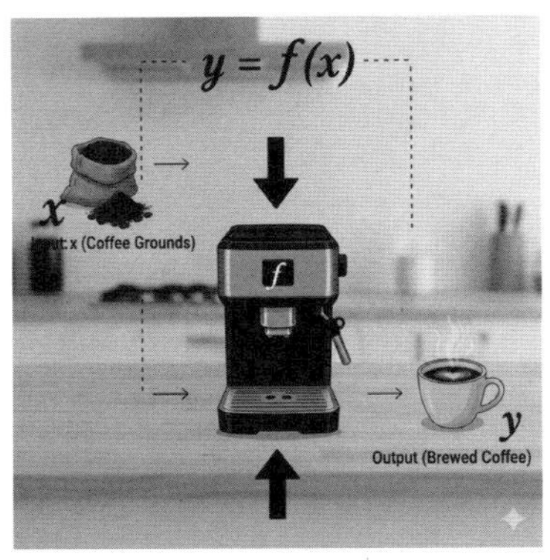

커피원두(x)가 머신(f)을 거쳐 커피(y)가 되는 과정과 함수식 $y=f(x)$를 나타낸 그림.

그래서 함수는 그래프로 표현될 때 비로소 본래의 모습을 드러낸다.

그래프는 숫자의 장식이 아니라, 규칙이 공간 위에 시각화된 결과다.

이 함수적 사고는 수학 내부에만 머물지 않는다. 물리학에서 힘과 운동의 관계는 함수로 표현되며, 전기 회로에서 전압과 전류의 관계 역시 함수다.

그중 선형대수학의 일차변환은 함수 개념이 공간 전체로 확장된 사례로, 한 점이 아니라 좌표계 전체가 어떤 규칙에 따라 변형되는지를 다룬다. 이 개념은 위성의 궤도 수정, 항공기의 자세 제어, 컴퓨터 그래픽에서의 화면 변환에 그대로 사용된다. 함수는 현실을 계산하는 도구가 아니라, 현실을 설계하는 언어로 작동한다.

현대에 들어 함수의 역할은 더욱 근본적인 차원으로 확장된다. 데이터 과학과 인공지능에서 모델이란 결국 입력과 출력 사이의 함수다.

수많은 데이터를 집어넣어 하나의 결과를 얻는 과정은 복잡해 보이지만, 본질은 "이런 조건들이 주어졌을 때 이런 판단이 합리적인가"를 묻는 함수적 질문이다.

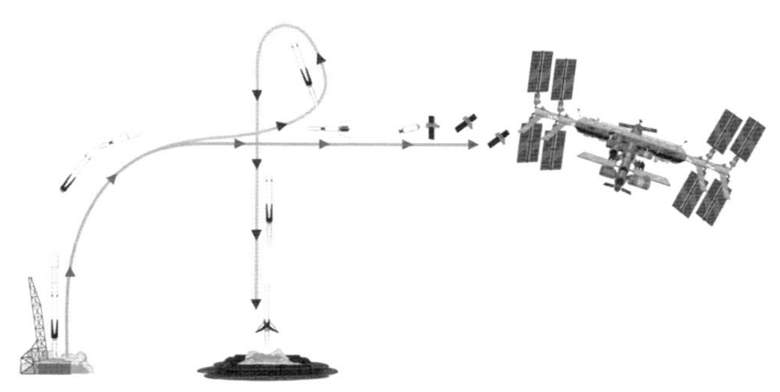

중요한 점은 함수가 미래를 확정하지 않는다는 것이다. 함수는 예언이 아니라 판단의 구조를 제공한다. 같은 입력이 들어오면 같은 출력이 나와야 한다는 요구는, 우리가 세계를 일관된 기준으로 이해하고자 한다는 인간의 욕망을 반영한다.

함수를 이해한다는 것은 결국 세상을 사건의 나열로 보지 않고, 구조의 집합으로 바라본다는 뜻이다. 하나의 변화가 다른 변화로 어떻게 이어지는지를 묻고, 그 연결 고리를 규칙으로 정리하는 사고방식이 바로 함수적 사고다.

이 관점을 갖추면 수학은 더 이상 계산 연습이 아니라, 복잡한 현실을 단순한 구조로 환원하는 도구가 된다. 함수는 시험 문제를 풀기 위해 존재하는 개념이 아니라, 변화하는 세계를 이해하고 예측하며 개입하기 위해 인류가 만들어낸 가장 강력한 사고 장치인 것이다. 알파벳으로 쓰인 그 한 줄의 식 안에는, 무질서해 보이는 세계를 질서로 읽어내려는 인간의 오랜 사유가 응축되어 있다.

입력과 출력이라는 생각

함수를 가장 직관적으로 이해하는 방법은 그것을 하나의 '입력과 출력이 일어나는 장치'로 바라보는 것이다. 우리는 흔히 함수를 설명할 때 '마법 상자'라는 비유를 사용한다.

상자 안에서 어떤 일이 벌어지는지는 당장 알 수 없지만, 상자에 무엇을 넣었는지에 따라 반드시 정해진 결과가 나온다는 점만은 확실하다.

이 단순한 구조는 함수 개념의 본질을 정확히 찌른다. 함수란 내부 구조보다도 입력과 출력 사이의 일관된 대응 관계를 정의하는 개념이기 때문이다.

이 관점은 수학 이전에 이미 인간의 사고 속에 자리 잡고 있었다. 씨앗을 뿌리면 싹이 난다는 기대, 불을 피우면 따뜻해진다는 경험, 약을 먹으면 증상이 완화된다는 믿음은 모두 입력과 출력의 연쇄를 전제로 한다.

인간은 생존을 위해 원인과 결과를 연결하는 사고를 발전시켜 왔고, 함수는 이 오래된 직관을 수학적으로 정제한 결과물이다. 다만 함수가 특별한 이유는, 이 대응 관계를 모호한 감각이 아니라 명시적인 규칙으로 고정시킨다는 데 있다.

이 사고를 수학의 중심으로 끌어올린 인물이 바로 르네 데카르트다.

데카르트 이전의 기하학은 도형을 그 자체로 다루는 학문이었다. 원은 원으로, 직선은 직선으로 존재했으며, 그 관계는 그림과 직관에 의존했다.

데카르트는 여기서 한 발 더 나아가, 공간 위의 모든 점을 숫자의 쌍으로 표현할 수 있다고 주장했다. 천장에 붙은 파리의 위치를 설명하기 위해 좌표축을 설정했다는 일화는 단순한 에피소드가 아니라, 공간을 입력값의 집합으로 바꿔버린 사고의 전환을 상징한다.

위치라는 물리적 개념이 숫자라는 입력으로 변환되는 순간, 기하학은 대수학과 결합하고 함수는 그 연결 고리가 된다.

입력값 x가 주어졌을 때 출력값 y가 어떻게 결정되는지를 추적하는 과정은, 세계를 사건의 모음이 아니라 시스템으로 이해하기 시작했음을 의미한다.

시스템이란 임의로 반응하는 대상이 아니라, 정해진 규칙에 따라 작동하는 구조이다. 함수는 이 구조를 가장 단순한 형태로 표현한다.

그래서 함수의 정의에서 가장 중요한 조건은 계산의 복잡함이 아

니라 '하나의 입력에 하나의 출력이 대응되는가'라는 점이다. 이 조
건이 무너지면 우리는 더 이상 예측할 수 없고, 예측할 수 없는 대
상은 과학의 연구 대상이 될 수 없다.

이 입력과 출력의 사고는 현대 문명의 거의 모든 기술적 기반을 이룬다.

자동판매기는 동전과 버튼이라는 입력을 받아 음료라는 출력을
내놓는 장치이며, 엘리베이터는 버튼 입력에 따라 위치를 출력하는
거대한 함수다. 컴퓨터는 본질적으로 입력된 데이터가 어떤 알고
리즘을 거쳐 출력으로 변환되는 함수 기계이며, 프로그래밍 언어
에서 함수라는 용어가 그대로 사용되는 것도 우연이 아니다. 프로
그램의 안정성이란 결국 같은 입력에 대해 항상 같은 출력이 보장
되는가의 문제다.

예를 들어 항공우주공학에서는 이
개념이 얼마나 중요한지를 보여준다.
우주선에 얼마만큼의 연료를 어느 방
향으로 분사할 것인가는 입력이고,
그 결과로 나타나는 가속도와 궤도
변화는 출력이다. 이 대응 관계가 조
금이라도 불안정하다면 우주선은 목
표 궤도에 오르지 못하거나, 최악의
경우 귀환 자체가 불가능해진다. 그

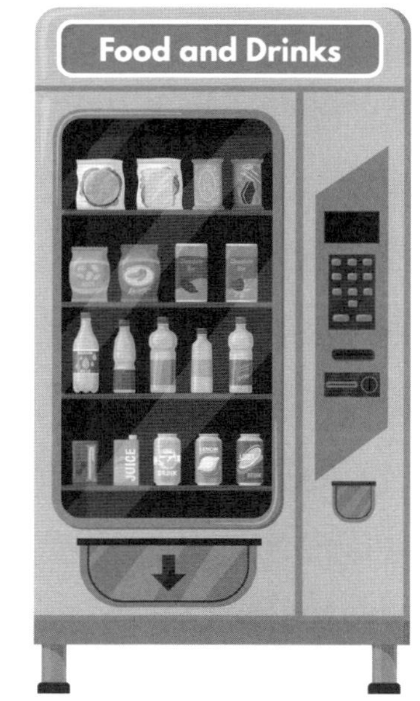

래서 공학에서 함수는 선택지가 아니라 전제 조건이다. 하나의 입력이 두 개의 결과를 낳는 시스템은 설계 불가능한 시스템이기 때문이다.

수학에서 함수의 엄밀한 정의는 바로 이 지점에서 힘을 발휘한다.

함수는 자유로운 대응이 아니라, 통제 가능한 관계이다.

우리가 함수를 배운다는 것은 x와 y를 계산하는 연습을 하는 것이 아니라, 수많은 변수 중에서 무엇을 입력으로 삼고 무엇을 출력으로 해석할지를 결정하는 사고 훈련에 가깝다. 현실의 문제를 함수로 표현할 수 있다는 것은, 그 문제를 조작 가능한 형태로 바꾸는 데 성공했다는 뜻이다.

이 관점에서 보면 함수는 단순한 수학 개념이 아니라 인간의 태도에 가깝다. 감에 의존하지 않고, 막연한 기대에 머물지 않으며, '이 조건이 주어졌을 때 어떤 결과가 나오는가'를 끝까지 따져 묻는 자세다.

입력과 출력을 명확히 구분하는 순간, 우리는 사건의 희생자가 아니라 구조의 설계자가 된다. 함수적 사고를 익힌다는 것은 세상을 예측 불가능한 우연의 연속으로 보지 않고, 이해와 판단이 가능한 대상으로 재구성하는 일이다. 그리고 이 사고의 전환이야말로, 함수가 중·고등학교 수학을 넘어 성인의 사고 도구로 남아야 하는 가장 근본적인 이유다.

함수의 기본 형태 $y = f(x)$

어떤 값(x)을 '함수(f)'라는 마법 상자에 넣었을 때, 반드시 하나의 결과 (y)가 튀어나온다는 약속으로, 커피머신에 커피가루를 넣고 내리면 커피가 되는 것과 같다. 세상의 모든 사건을 '원인'과 '결과'라는 논리적인 관계로 바라보게 만드는 사고의 틀과 같다.

: 코딩, 프로그램 설계 - 커피 자판기를 누르면 커피가, 과자 자판기 버튼을 누르면 과자가 나오듯, 검색창에 단어를 입력하면 검색 결과가 나타나는 모든 소프트웨어 프로그램의 기본 작동 원리이다.

그래프는 무엇을 보여주는가

함수의 수식이 추상적인 약속이라면, 그래프는 그 약속이 실제 세계에서 어떤 장면을 만들어내는지를 한눈에 펼쳐 보이는 시각적 언어다.

많은 사람들이 수학에서 그래프를 가장 부담스러운 요소로 기억하지만, 아이러니하게도 그래프야말로 숫자와 기호의 세계를 인간의 직관으로 번역해 주는 가장 친절한 장치다.

수식이 관계를 정의한다면, 그래프는 그 관계가 시간과 공간 속에서 어떻게 움직이고 변화하는지를 '보여준다'. 보인다는 사실은 이해의 차원을 완전히 바꾼다.

그래프가 등장하기 이전의 수학은 극도로 언어 중심적이었다. 관계는 모두 문장이나 수식으로만 설명되었고, 변화는 머릿속에서 상상해야 했다.

데카르트가 좌표라는 개념을 도입하기 전까지, 대수와 기하는 서로 다른 세계에 속해 있었다.

도형은 도형대로, 계산은 계산대로 존재했을 뿐, 둘을 하나의 틀 안에서 동시에 다룰 방법은 없었다.

데카르트의 좌표계는 이 두 세계를 하나의 평면 위에 겹쳐 놓음으로써, '숫자가 움직이는 모습'을 처음으로 시각화할 수 있게 만들었다. 이 순간부터 그래프는 단순한 그림이 아니라, 변화 자체를 기록하는 지도 역할을 맡게 되었다.

그래프의 가장 중요한 기능은 개별 값이 아니라 전체 흐름을 드러내는 데 있다. 숫자 하나하나는 고립된 정보에 불과하지만, 그것들이 좌표 위에서 연결되는 순간 방향성이 생긴다. 증가하고 있는지, 감소하고 있는지, 일정한 속도로 변하는지, 아니면 어느 지점에서 갑작스러운 전환이 일어나는지가 한눈에 드러난다.

우리는 일상에서 숫자의 나열보다 그래프를 훨씬 빠르게 이해하는데, 이는 인간의 사고가 본능적으로 패턴과 형태를 인식하도록 진화해 왔기 때문이다. 그래프는 수학이 인간의 인지 구조를 존중하며 선택한 가장 효율적인 표현 방식이다.

이 점은 과학과 공학에서 결정적인 의미를 갖는다. 예를 들어 궤도역학에서 인공위성의 움직임을 생각해보자.

중력, 속도, 질량, 각운동량이 얽힌 복잡한 관계를 수식으로만 추적하는 것은 극도로 어렵다. 그러나 이를 그래프로 나타내면, 위성

다양한 그래프 덕분에 복잡한 설명 대신 시각적으로 한눈에 이해할 수 있게 되었다.

이 어떤 경로로 휘어지는지, 안정 궤도와 이탈 궤도의 경계가 어디인지, 에너지가 어느 지점에서 임계값을 넘는지가 명확하게 드러난다.

그래프는 계산 결과를 해석 가능한 구조로 바꾸어 주며, 과학자가 '무엇이 일어날 것인가'를 직관적으로 판단할 수 있게 만든다.

항공우주공학자의 작업 역시 그래프 없이는 성립할 수 없다. 비행체의 진동, 온도 변화, 연료 소비율, 구조적 응력은 모두 시간에 따라 변하는 값이며, 이 변화의 양상은 그래프로 표현될 때 비로소 의미를 갖는다.

특정 구간에서 진동이 급격히 커진다면 그 지점은 구조적 결함의 신호일 수 있고, 온도 그래프의 미세한 비대칭은 시스템 오류의 전조가 될 수 있다. 그래프는 문제를 '발견하는 눈'이며, 계산보다 앞서는 경고 장치다.

산업과 기술의 현장에서도 그래프는 판단의 기준이 된다. 기계 장치의 수명 곡선, 이른바 욕조 곡선은 단순한 통계 그림이 아니라 유지보수 전략의 핵심 근거다. 언제 점검해야 하고, 언제 교체해야 하며, 언제 위험이 급증하는지를 이 한 장의 그래프가 말해준다. 숫자만으로는 결코 얻을 수 없는 판단이 그래프를 통해 가능해진다. 이는 그래프가 단순한 결과물이 아니라, 의사결정의 도구라는 사실을 분명히 보여준다.

그래프는 이미 우리의 일상 깊숙이 들어와 있다. 주식 차트는 가격의 기록이 아니라 시장의 심리와 방향성을 시각화한 결과이며, 기상 그래프는 단순한 날씨 예보가 아니라 자연의 주기와 변동성을 요약한 지도다. 전염병 확산 그래프는 감염의 속도와 정책의 효과를 동시에 보여주며, 사회적 판단의 근거가 된다. 우리는 그래프를 통해 과거를 해석하고, 현재를 진단하며, 미래를 예측한다.

중·고등학교에서 배운 그래프는 많은 학생들에게 좌표 찍기와 선 긋기의 기억으로 남아 있지만, 그 이면에서 우리가 실제로 훈련 받고 있었던 것은 전혀 다른 능력이다. 그것은 복잡한 현상을 한눈에 구조화하고, 변화의 방향을 읽어내며, 중요한 지점을 구분하는 사고력이다. 그래프를 이해한다는 것은 숫자를 계산하는 능력이 아니라, 세상을 맥락 속에서 바라보는 시각을 갖는 일이다.

"그래서 이게 내 삶에 무슨 의미가 있었나"라는 질문에 대해, 그래프는 가장 정직한 답을 내놓는다. 우리는 이미 매 순간 그래프적 사고를 통해 선택하고 판단하고 있다.

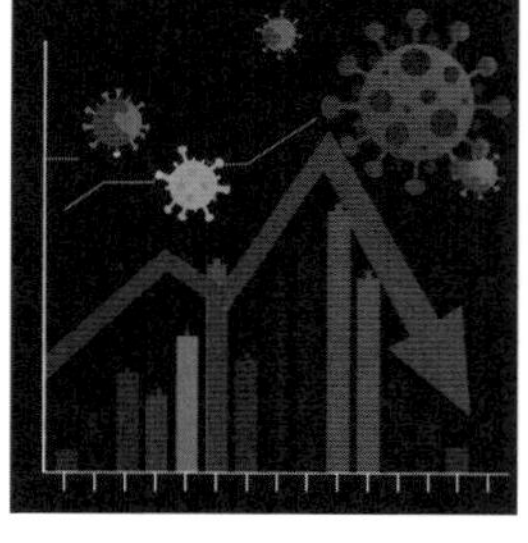

매출 추이, 체중 변화, 학습 성취도, 에너지 사용량까지 그래프는 삶을 관리하고 예측하는 기본 언어가 되었다.

그래프를 읽을 수 있다는 것은 변화 앞에서 당황하지 않고, 흐름

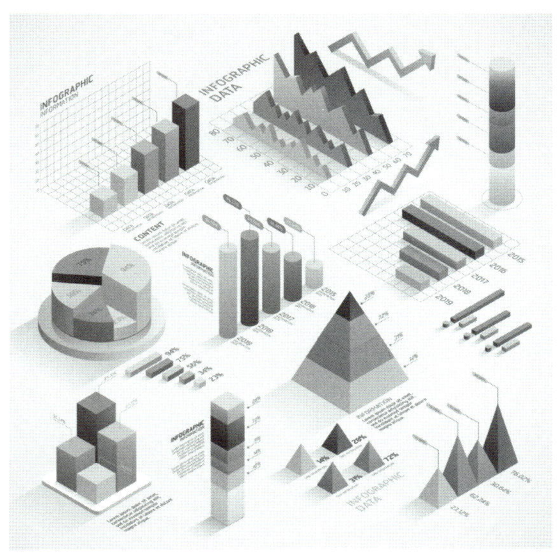

속에서 위치를 파악할 수 있다는 뜻이다. 그것은 수학이 우리에게 제공하는 가장 현실적인 생존 기술 중 하나다.

일차함수의 표준형 $y = ax + b$

눈에 보이지 않는 숫자의 규칙을 '선'이라는 모양으로 바꾸어 시각화한 공식이다. 수치를 일일이 보지 않아도 선의 기울기(a)만 보고 현재 얼마나 가파르게 상승하거나 하락하는지 한눈에 파악할 수 있다.

: 데이터 시각화, 통계 - 주식 차트의 추세선 분석, 스마트폰 배터리 소모 속도 그래프 등 데이터의 흐름을 직관적으로 이해해야 하는 모든 분석 도구에 쓰인다.

왜 모든 분야에 함수가 등장할까

함수가 수학의 한 단원에 머무르지 않고 물리학, 공학, 경제학, 생물학, 음악과 예술에 이르기까지 거의 모든 학문 분야에 반복해서 등장하는 이유는 단순하다.

함수는 특정 학문의 전유물이 아니라, 세상이 작동하는 방식을 기술하기 위해 인류가 발견한 가장 보편적인 사고 구조이기 때문이다.

세계가 무작위한 사건들의 나열이 아니라, 어떤 조건이 주어지면 반드시 그에 상응하는 결과가 나타나는 시스템이라면, 그 관계를 가장 간결하게 표현하는 언어가 바로 함수다.

과학사의 결정적인 순간들은 언제나 함수의 형태로 기록되었다.

뉴턴이 만유인력의 법칙을 제시했을 때, 그는 단순히 사과가 떨어진다는 사실을 말한 것이 아니라, 질량과 거리라는 입력이 주어질 때 힘이라는 출력이 어떻게 결정되는지를 함수로 선언했다.

아인슈타인의 특수상대성이론 역시 마찬가지다. 에너지와 질량의 관계를 하나의 함수적 등식으로 표현함으로써, 그는 우주의 구조가 감각이 아닌 규칙에 의해 지배된다는 사실을 드러냈다.

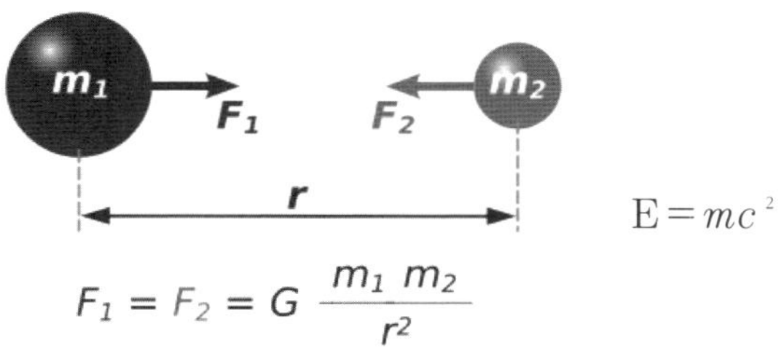

만유인력의 법칙과 특수상대성이론 공식

이 이론들이 위대한 이유는 복잡한 현상을 설명했기 때문이 아니라, 복잡함을 하나의 규칙으로 압축했기 때문이다.

그중 항공우주공학자의 작업은 이 사실을 가장 실용적인 차원에서 보여준다.

비행체의 궤적, 연료 소비, 진동, 열 분포는 모두 수많은 변수가 동시에 작용하는 문제다. 이를 하나하나 따로 해석하는 것은 불가능에 가깝다. 그래서 공학자는 이 변수들을 함수로 묶어 모델을 만든다. 입력 조건이 바뀌면 결과가 어떻게 달라지는지를 예측하기 위해서다.

함수는 복잡한 현실을 계산 가능한 대상으로 바꾸는 도구이며, 실패를 사전에 제거하기 위한 시뮬레이션의 핵심이다.

이러한 함수적 사고는 현대 사회의 핵심 기술인 인공지능에서 극단적으로 드러난다. 인공지능은 마치 사고하고 판단하는 존재처럼 보이지만, 그 내부를 들여다보면 본질은 거대한 함수의 집합이다.

수많은 입력 데이터가 들어왔을 때, 어떤 출력이 가장 적절한지를 계산하는 구조다.

학습이란 이 함수의 내부 규칙, 즉 가중치를 조금씩 조정해 가는 과정에 불과하다.

인공지능이 예측을 잘하게 되는 이유는 직관을 얻어서가 아니라, 입력과 출력 사이의 대응 관계를 인간보다 훨씬 정밀하게 다듬었기 때문이다.

경제학에서도 함수는 선택의 언어로 작동한다. 소득이 증가할 때 소비가 어떻게 변하는지, 금리가 오를 때 투자가 어떻게 반응하는

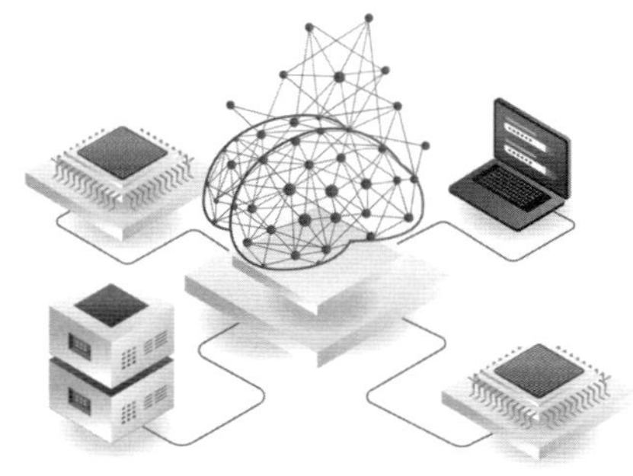

지를 경제학자는 함수로 모델링한다.

이 함수의 모양에 따라 정책의 방향이 결정되고, 사회 전체의 흐름이 바뀐다. 이는 경제가 숫자의 문제가 아니라 관계의 문제라는 사실을 보여준다. 어떤 변수를 건드리면 어떤 결과가 따라오는지를 이해하지 못한다면, 그 사회는 필연적으로 시행착오를 반복하게 된다.

예술 영역에서도 함수는 조용히 작동한다. 음악에서 소리는 시간에 따른 진동의 함수로 표현되며, 음색은 파형의 모양에 따라 결정된다. 디지털 음악은 이 함수를 조작함으로써 전통 악기에는 존재하지 않던 소리를 만들어낸다.

영상과 그래픽에서도 색과 밝기, 움직임은 모두 좌표와 시간의 함수다. 예술가가 감각적으로 다루는 영역을, 기술은 함수라는 언어로 정밀하게 재현한다. 이때 함수는 예술을 제한하는 도구가 아니라, 표현의 가능성을 확장하는 기반이 된다.

이처럼 함수가 모든 분야에 등장하는 이유는 세상이 본질적으로 변화하는 관계들의 집합이기 때문이다. 고정된 대상은 거의 없고, 대부분의 현상은 조건에 따라 달라진다. 함수는 바로 이 '조건이 바뀌면 결과도 바뀐다'는 세계의 작동 원리를 가장 정직하게 담아낸 형식이다. 그래서 학문이 성숙할수록, 기술이 정밀해질수록, 설명은 점점 함수의 형태를 띠게 된다.

　중·고등학교에서 함수가 갑자기 어려워지는 이유도 여기에 있다. 함수는 계산 기술이 아니라 사고방식의 전환을 요구하기 때문이다. 숫자를 다루던 단계에서 관계를 다루는 단계로 넘어가는 문턱이다. x와 y는 단순한 알파벳이 아니라, 원인과 결과, 조건과 반응을 대신하는 기호다. 이 전환을 넘어서면 수학은 더 이상 문제집 속의 과제가 아니라, 세상을 해석하는 언어가 된다.

　함수를 배운다는 것은 정답을 맞히는 기술을 익히는 일이 아니다. 그것은 세상의 복잡함을 규칙으로 환원하고, 예측 가능한 구조로 재배치하는 인류의 사고 유산을 손에 넣는 일이다. 어떤 선택이 어떤 결과를 낳을지 미리 그려보는 능력, 변화 앞에서 당황하지 않고 관계를 따져 판단하는 태도, 이것이 함수적 사고의 진짜 가치다.

그래서 함수는 모든 분야에 등장한다. 세상이 그렇게 작동하기 때문이다. 그리고 우리가 그 세상 속에서 주체적으로 판단하고 설계하며 살아가려 한다면, 함수는 피할 수 없는 언어다.

x와 y는 시험을 괴롭히기 위해 존재하는 기호가 아니다. 그것은 변화하는 세계를 이해하기 위해 인류가 선택한 가장 간결하고 강력한 그릇이다. 이 그릇을 제대로 이해하는 순간, 수학은 더 이상 멀어지지 않는다. 오히려 우리가 매일 살아가는 현실의 가장 가까운 설명이 된다.

이차함수의 표준형 $y = ax^2 + bx + c$

단순히 직선으로 변하는 것이 아니라, 가속도가 붙어 휘어지며 변하는 복잡한 움직임을 기록하는 공식이다. 공을 던졌을 때 그리는 곡선(포물선)처럼, 세상의 역동적인 변화와 '가장 높은 지점'이나 '가장 낮은 지점'을 찾을 때 필수적이다.

: 궤도 계산, 경제 최적화 - 안테나의 전파 수집 원리, 기업의 최대 이익이나 최소 비용을 찾아내는 최적화 계산에 널리 활용된다.

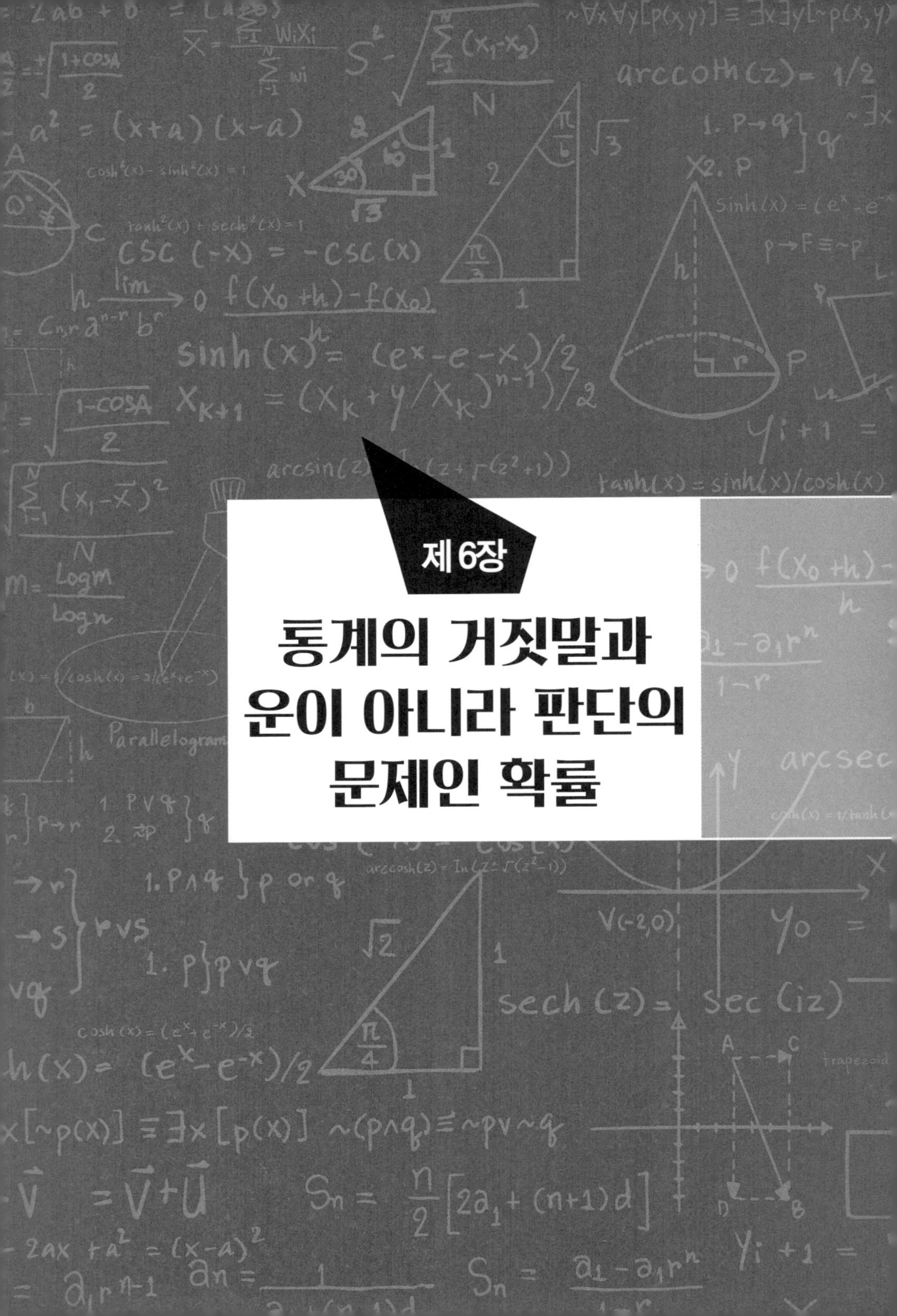

제 6장
통계의 거짓말과
운이 아니라 판단의
문제인 확률

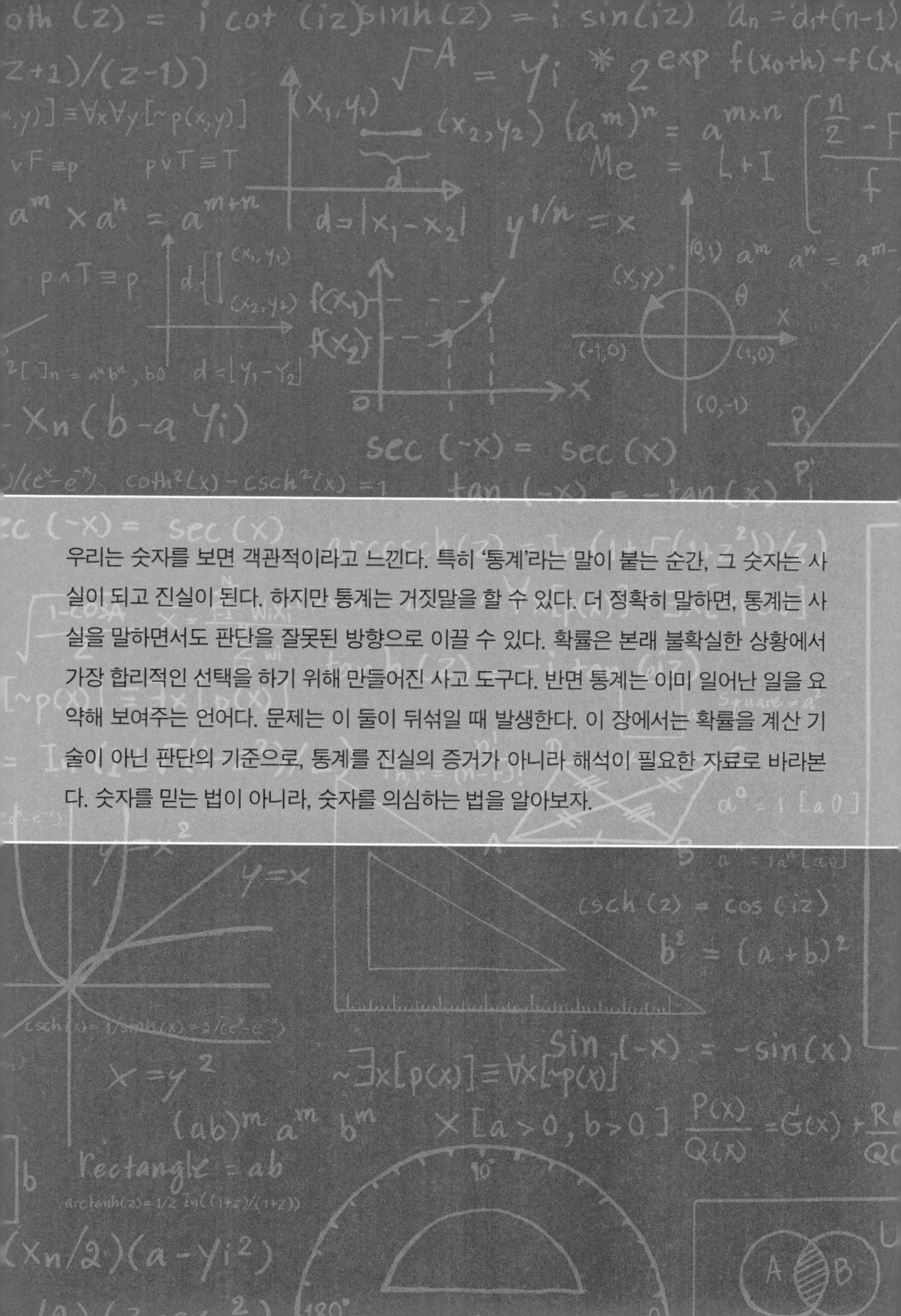

우리는 숫자를 보면 객관적이라고 느낀다. 특히 '통계'라는 말이 붙는 순간, 그 숫자는 사실이 되고 진실이 된다. 하지만 통계는 거짓말을 할 수 있다. 더 정확히 말하면, 통계는 사실을 말하면서도 판단을 잘못된 방향으로 이끌 수 있다. 확률은 본래 불확실한 상황에서 가장 합리적인 선택을 하기 위해 만들어진 사고 도구다. 반면 통계는 이미 일어난 일을 요약해 보여주는 언어다. 문제는 이 둘이 뒤섞일 때 발생한다. 이 장에서는 확률을 계산 기술이 아닌 판단의 기준으로, 통계를 진실의 증거가 아니라 해석이 필요한 자료로 바라본다. 숫자를 믿는 법이 아니라, 숫자를 의심하는 법을 알아보자.

1

통계는 사실을 말하지만, 진실을 말하지는 않는다

우리는 숫자 앞에서 쉽게 경직된다. 특히 '통계'라는 이름이 붙는 순간, 그 숫자는 단순한 정보가 아니라 반박 불가능한 권위처럼 받아들여진다.

뉴스 기사에 등장하는 여론조사 결과, 경제 성장률, 범죄 발생률은 하나의 문장으로 현실을 규정하고, 그 문장을 의심하는 사람은 비이성적이거나 감정적인 존재로 취급되기 쉽다.

"숫자는 거짓말을 하지 않는다"는 말은 그래서 통계가 가진 사회적 힘을 가장 압축적으로 드러내는 문장이다.

그러나 통계학의 본질을 조금만 깊이 들여다보면, 이 문장은 절반만 맞는 말이라는 사실이 드러난다. 숫자는 거짓말을 하지 않을지 모르지만, 숫자를 고르는 과정과 배열하는 방식은 얼마든지 현실을 왜곡할 수 있다.

통계는 진실을 발견하기 위해 태어난 학문이 아니다. 그것은 처음부터 현실을 관리하기 위해 고안된 기술에 가깝다.

대규모 인구를 통치해야 했던 근대 국가들은 세금을 걷고, 병력을 동원하고, 범죄를 예방하기 위해 사회를 숫자로 파악할 필요가 있었다.

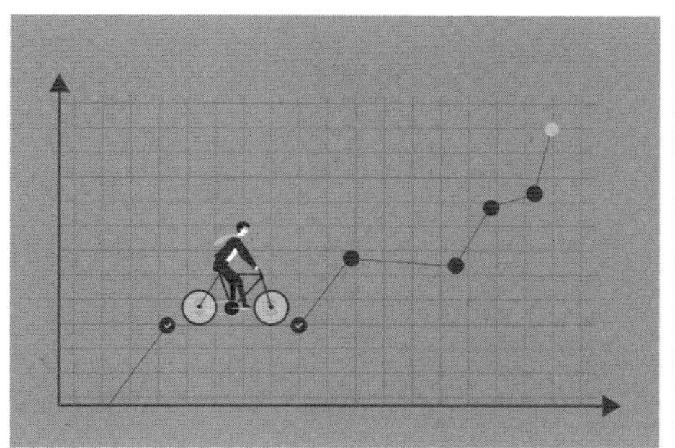

우리는 통계가 말해주고 있는 것을 그대로 믿지 않고 그 진실을 봐야 한다.

출생과 사망, 결혼과 이혼, 질병과 사고를 모두 기록하고 요약하지 않으면 국가는 작동할 수 없었다.

이 과정에서 통계는 복잡한 현실을 한눈에 파악할 수 있게 해주는 강력한 도구로 자리 잡았다.

평균, 중앙값, 표준편차 같은 개념은 바로 이때 등장한 '현실 요약 장치'다. 이러한 지표들은 흩어진 데이터를 하나의 질서 있는 구조로 묶어 인간의 판단을 돕는다.

하지만 요약은 언제나 대가를 요구한다. 통계가 정보를 압축하는 순간, 개별적인 차이와 맥락은 필연적으로 사라진다.

평균값은 존재하지만 평균적인 삶은 존재하지 않는다. 한 집단의 평균 성적, 평균 소득, 평균 수명은 계산될 수 있지만, 그 평균에 정확히 부합하는 인간은 거의 없다.

통계는 현실을 단순화하는 데 그 목적이 있기 때문에, 그 자체로는 결코 전체 현실을 담아낼 수 없다. 문제는 우리가 이 단순화된 결과를 '현실 그 자체'로 착각하는 데서 시작된다.

19세기 통계학자 아돌프 케틀레가 제시한 '평균적 인간' 개념은 이러한 착각을 제도화한 대표적인 사례다. 그는 범죄율이나 신체 치수 같은 사회적·생물학적 특성들이 종 모양의 분포를 따른다는 사실에 주목했고, 이를 통해 사회 현상에도 자연 법칙과 같은 규칙성이 존재한다고 주장했다.

이 관점은 사회를 과학적으로 분석할 수 있다는 가능성을 열어주었지만, 동시에 위험한 결론으로 이어졌다.

평균에서 벗어난 존재는

'이상'이나 '오차'로 취급되기 시작했고, 개인의 삶은 통계적 변동성 속에 묻혀버렸다. 통계는 사회를 설명했지만, 개인을 이해하는 데에는 실패했다.

이 문제는 현대 사회에서 훨씬 정교한 형태로 반복된다. 예를 들어 어떤 정책이 성공했다는 근거로 평균 지표의 개선이 제시될 때, 그 이면에서 누가 혜택을 받았고 누가 배제되었는지는 잘 드러나지 않는다.

평균 소득이 상승했지만 중간 계층의 실질 소득은 정체되거나 감소하는 상황, 평균 학업 성취도가 향상되었지만 특정 지역이나 계층의 교육 격차는 오히려 확대되는 상황은 통계가 만들어내는 대표적인 착시다.

통계는 사실을 말한다. 그러나 그 사실이 가리키는 방향이 곧 사회의 진실이라고 단정하는 순간, 숫자는 현실을 설명하는 언어에서 현실을 가리는 장막으로 변한다.

공학과 과학의 영역에서도 이 점은 동일하게 적용된다. 예를 들어 시스템 시험 데이터와 품질 관리 사례를 보면, 동일한 측정값이라도 어떤 기준선을 설정하느냐에 따라 결과는 전혀 다르게 해석된다. 평균 범위 안에 있다는 이유로 '정상' 판정을 받은 장치가 특정 조건에서는 치명적인 결함을 드러낼 수도 있고, 반대로 평균에서 벗어난 값이 실제로는 시스템의 자연스러운 변동일 수도 있다.

통계는 판단을 대신하지 않는다. 다만 판단에 필요한 재료를 제공할 뿐이다. 숫자가 객관적이라는 믿음은, 해석의 주체가 인간이라는 사실을 잊는 순간 위험한 신화로 변한다.

결국 통계는 진실을 있는 그대로 보여주는 창이 아니다. 그것은 어디에 초점을 맞출 것인지를 미리 결정한 렌즈에 가깝다.

무엇을 측정했는지, 무엇을 제외했는지, 어떤 지표를 대표값으로 선택했는지에 따라 동일한 현실은 전혀 다른 이야기로 재구성된다.

통계를 이해한다는 것은 계산

공식을 익히는 일이 아니라, 숫자가 만들어지는 과정 전체를 의심하고 점검하는 태도를 갖는 일이다.

숫자를 믿지 말라는 말이 아니다. 숫자가 말하지 않는 것까지 함께 보려는 시선이 필요하다는 뜻이다. 통계는 사실을 말한다. 그러나 진실은 언제나 그 숫자 밖, 그리고 숫자 사이에 존재한다.

$$\text{확률의 기본 공식 } P(A) = \frac{\text{사건 } A \text{의 경우의 수}}{\text{전체 경우의 수}}$$

일어날 수 있는 모든 가능성 중에서 내가 궁금한 '그 일'이 얼마나 자주 일어날지 수치로 나타낸 것이다. 불확실한 미래를 막연한 짐작이 아니라 '정확한 비율'로 바꾸어 판단하게 해 줄 수 있다.

: 날씨 예보, 게임 확률 등 - 기상청의 강수 확률 예보, 게임 아이템의 강화 성공 확률 계산, 내일 주가가 오를지 내릴지 예측하는 금융 분석 등에 주로 쓰인다.

2

확률은 미래를 맞히는 도구가 아니라 판단을 조정하는 기준이다

확률이라는 단어가 등장하는 순간, 많은 사람들은 그것을 곧바로 '운'이나 '예측'의 영역으로 밀어 넣는다. 복권 당첨 확률, 주식의 성공 확률, 내일 비가 올 확률, 천둥번개 치는 날 벼락 맞을 확률처럼 확률은 늘 아직 오지 않은 미래와 함께 언급되기 때문이다.

이 때문에 확률은 종종 점술이나 예언과 비슷한 기능을 수행해야 하는 도구로 오해받는다. 확률이 높았는데 왜 틀렸느냐는 질문, 확률이 낮았는데 왜 이런 일이 벌어졌느냐는 항의는 이러한 오해에서 비롯된다.

그러나 확률론의 출발점과 실제 쓰임을 살펴보면, 확률은 미래를 정확히 맞히기 위해 고안된 학문이 아니라 불확실한 상황에서 인간의 판단을 어떻게 합리적으로 조정할 것인가라는 문제에 대한 수학적 해답임이 분명해진다.

근대 확률론의 탄생은 매우 현실적인 고민에서 시작되었다. 17세

우리가 도박에서 승리하거나 로또에 당첨되거나 번개를 맞을 확률은 얼마나 될까?

기 프랑스에서 파스칼과 페르마가 주고받은 편지의 주제는 고상한 철학이 아니라, 중단된 도박판에서 상금을 어떻게 나누는 것이 공정한가라는 문제였다.

그들은 게임이 끝까지 진행되지 않았을 때, 누가 얼마만큼의 승리 가능성을 이미 확보했는지를 계산해야 했고, 이를 위해 가능한 모든 경우의 수를 따져보는 사고가 필요했다.

여기서 중요한 점은 그들이 '누가 이길지'를 예언하려 한 것이 아니라, 현재 시점에서 가장 납득 가능한 결정을 내릴 기준을 찾으려 했다는 사실이다.

확률은 바로 이 지점에서 등장했다. 미래의 결과를 단정하는 대신, 각 결과가 가질 상대적 무게를 계산하는 도구로서 말이다.

이러한 확률의 성격은 일상적인 판단에서도 분명히 드러난다. 우리는 "내일 비가 올 것인가?"라는 질문에 대해 확률이 아무리 높아도 100%라는 답을 기대하지 않는다. 대신 "비가 올 확률이 70%라면 나는 어떻게 행동해야 하는가?"를 묻는다. 우산을 챙기는 불편함과 비를 맞았을 때의 불쾌함, 혹은 일정에 미칠 영향을 저울질하는 과정이 바로 확률적 판단이다.

여기서 확률은 미래의 사실을 알려주는 정보가 아니라, 현재의 선택을 조정하는 기준값으로 작동한다.

확률이 높다고 해서 반드시 그 일이 일어나는 것도 아니고, 낮다고 해서 일어나지 않는 것도 아니다.

중요한 것은 그 수치를 바탕으로 우리가 어떤 위험을 감수할 것인지, 어떤 손실을 회피할 것인지 결정한다는 점이다.

과학과 공학의 세계에서 확률은 이보다 훨씬 더 엄밀한 형태로 사용된다.

항공우주공학 사례를 보면, 비행체의 안전성은 단일한 계산 결과로 보장되지 않는다. 재료의 미세한 결함, 환경 조건의 변동, 센서 오차와 같은 수많은 불확실성이 항상 존재하기 때문이다. 엔지니어들은 '이 비행체는 안전하다'라고 단정하지 않고, '주어진 조건에서 이 시스템이 실패할 확률은 어느 정도인가'를 계산한다. 그리고 그 확률이 허용 가능한 범위 안에 들어오는지를 기준으로 설계를 수정하거나 운용 방침을 결정한다. 여기서 확률은 사고를 예언하는 도

구가 아니라, 사고를 최소화하기 위한 의사결정의 언어이다.

18세기 수학자 토마스 베이즈가 제시한 베이즈 정리는 확률의 이러한 본질을 가장 명확하게 보여준다.

베이즈 정리는 확률을 고정된 값이 아니라, 정보가 업데이트됨에 따라 계속 수정되는 믿음의 정도로 해석한다.

사전 확률
(prior)

$$P(A|B) = \frac{P(B|A)\,P(A)}{P(B)}$$

사후 확률
(posterior)

베이즈의 정리

처음에는 희박해 보이던 가설도 새로운 증거가 반복적으로 쌓이면 점점 더 높은 확률을 부여받게 되고, 반대로 유력해 보이던 판단도 반대 증거 앞에서는 낮춰진다. 이 사고방식은 오늘날 인공지능과 데이터 과학의 핵심 원리로 작동한다.

스팸 메일 필터는 메일이 스팸일 확률을 계산하고, 새로운 단서가 등장할 때마다 그 판단을 조정한다.

자율주행 자동차 역시 주변 환경을 확률적으로 해석하며, 가장 위험이 낮은 행동을 선택한다.

이 시스템들은 미래를 '맞히는' 것이 아니라, 매 순간 가장 합리적인 행동을 선택하도록 설계된 확률 기계이다.

확률을 오해하면 우리는 두 가지 극단에 빠지기 쉽다.

하나는 확률을 절대적인 예언으로 받아들이고, 결과가 어긋났을 때 확률 자체를 불신하는 태도다.

다른 하나는 어차피 확률일 뿐이라며 판단을 포기해버리는 태도다.

그런데 확률의 진짜 가치는 이 두 태도 사이에 있다. 확률은 우리에게 확실한 답을 주지 않지만, 잘못된 선택을 피할 가능성을 체계적으로 높여준다. 불확실성이 제거되지 않는다는 사실을 인정한 상태에서, 그 불확실성을 관리하는 기술이 바로 확률이다.

결국 확률은 미래를 들여다보는 수정구가 아니다. 그것은 현재의 판단을 교정하는 나침반에 가깝다. 확률을 통해 우리는 어떤 선택이 더 위험한지, 어떤 선택이 장기적으로 더 유리한지를 비교할 수 있다. 삶이 언제나 예측 불가능하다는 사실은 변하지 않지만, 확률적 사고를 통해 우리는 그 예측 불가능성 속에서도 가장 덜 위험한 길을 선택할 수 있다.

확률은 결과를 약속하지 않는다. 대신 우리가 감당해야 할 위험과 보상의 균형을 정직하게 드러내 보여준다. 그 저울을 읽을 줄 아는 순간, 불확실성은 공포의 대상이 아니라 판단의 재료로 바뀐다.

통계가 사람을 속이는 가장 흔한 방식들

통계가 대중을 기만하는 방식은 단순한 계산 오류가 아니라, 맥락을 의도적으로 제거하거나 선택적으로 제시하는 데서 비롯된다. 그 중 가장 널리 퍼져 있으면서도 치명적인 오류가 바로 상관관계와 인과관계의 혼동이다.

두 사건이 동시에 증가하거나 감소한다는 통계적 수치만으로 한 사건이 다른 사건의 원인이라고 단정하는 순간, 통계는 설명의 도구에서 선동의 무기로 변한다.

아이스크림 판매량과 익사 사고 발생률이 함께 증가한다는 고전적인 예시처럼, 겉으로 드러난 숫자는 강한 인상을 남기지만 그 배후에 존재하는 '제3의 변수', 즉

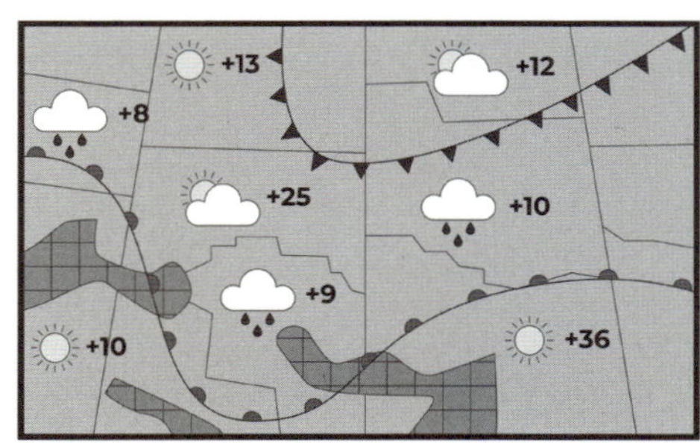

여름철 기온 상승이라는 맥락은 쉽게 삭제된다. 통계는 원래 원인을 증명하지 않는다. 단지 함께 움직인 흔적을 기록할 뿐이다.

이러한 오류는 일상적인 뉴스와 정책 결정 과정에서도 반복된다. 예컨대 특정 지역에서 범죄율과 이주민 비율이 동시에 증가했다는 통계가 제시될 때, 이주민 증가가 범죄의 원인이라는 결론이 성급하게 도출되곤 한다.

그러나 실제로는 경제 불황, 주거 환경 악화, 치안 인력 감소와 같은 복합적 요인이 동시에 작용했을 가능성이 높다.

통계는 이 복잡한 구조를 설명하지 않으며, 해석자의 의도에 따라 손쉽게 단선적인 이야기로 재구성된다. 숫자가 객관적이라는 믿음이 강할수록, 이런 단순화는 더욱 설득력을 얻게 된다.

또 하나의 전형적인 왜곡 방식은 체리 피킹(Cherry Picking), 즉 자신에게 유리한 데이터만을 골라 제시하는 행위다. 그중에서도 '욕조 곡선(Bathtub curve)'은 이 점을 잘 보여준다.

기계의 고장률은 초기 고장기, 안정기, 마모 고장기로 나뉘는데, 만약 안정기 구간의 데이터만 발췌해 "이 시스템은 극도로 안정적이다"라고 주장한다면, 이는 통계의 일부를 전체처럼 포장한 명백한 기만이다.

보험 상품 광고에서도 유사한 전략이 사용된다. 특정 연령대에서의 낮은 보험금 지급률만을 강조하며 '평생 안전한 선택'처럼 보이게 하지만, 실제로는 고령기에 급격히 증가하는 위험 구간이 의도적으로 배제되어 있는 경우가 많다.

선거철 여론조사는 통계 왜곡이 가장 빈번하게 발생하는 영역 중 하나다. "지지율 1위 후보"라는 헤드라인 뒤에는 조사 시점, 질문 문항의 표현, 응답 방식, 표본의 구성이라는 수많은 변수가 숨어 있다.

특정 시간대에만 전화를 받는 집단, 특정 플랫폼을 사용하는 사람들만을 대상으로 한 온라인 설문은 전체 유권자를 대표하지 못한다.

1936년 미국 대선에서 리터러리 다이제스트지가 자동차 소유주와 전화 가입자만을 대상으로 여론조사를 실시해 결과를 완전히 빗나간 사례는, 표본 편향이 얼마나 치명적인 오류를 낳는지를 보여주는 고전적인 교훈이다. 숫자의 규모가 아무리 커 보여도, 그 숫자가 대표성을 갖지 못한다면 통계는 예측이 아니라 착각에 불과하다.

그래프 역시 통계를 왜곡하는 데 매우 효과적인 도구다. 세로축의 시작점을 0이 아닌 임의의 값으로 설정해 미세한 차이를 극적인 변화처럼 보이게 하거나, 기간을 극단적으로 짧게 잡아 일시적인 변동을 장기적 추세처럼 포장하는 방식은 일상적인 통계 조작 기법이다. 보험료 인상률, 실업률 변화, 세금 부담 증가와 같은 민감한 주제일수록 이러한 시각적 왜곡은 더욱 자주 등장한다. 숫자 자체는 바뀌지 않았지만, 그 숫자를 '보여주는 방식'이 사람들의 판단을 결정적으로 흔든다.

결국 통계가 사람을 속이는 이유는 통계가 거짓말을 해서가 아니라, 통계가 언제나 해석을 필요로 하는 언어이기 때문이다. 숫자는 사실을 말할 수는 있지만, 그 사실이 어떤 구조 속에서 발생했는지까지 설명하지는 않는다. "숫자는 거짓말을 하지 않지만, 거짓말쟁이는 숫자를 이용한다"는 말이 반복해서 인용되는 이유도 여기에 있다. 통계적 기교는 사실의 파편들을 조합해 매우 그럴듯한 서사를 만들어낼 수 있다.

따라서 현대 사회에서 중요한 것은 통계를 잘 계산하는 능력이 아니라, 통계를 의심할 줄 아는 능력, 즉 통계적 문해력이다.

이 숫자는 어떻게 수집되었는가, 누가 조사 대상에서 제외되었는가, 어떤 선택지가 질문에서 사라졌는가를 묻지 않는 한 우리는 언제든지 숫자의 권위에 속을 수 있다.

통계를 읽는다는 것

정치, 경제, 사회학적으로 통계 자료를 내놓을 때는 누가 의뢰자인지에 따라 통계 자료를 보는 것도 중요하다.

은 숫자를 받아들이는 일
이 아니라, 그 숫자가 만들
어진 과정을 역으로 추적하
는 일이다. 이 비판적 시선
을 갖출 때 비로소 통계는
사람을 속이는 도구가 아니
라, 세상을 이해하는 도구

로 제자리를 찾게 된다.

$$\text{산술 평균 } \overline{x} = \frac{x_1 + x_2 + \cdots + x_n}{n}$$

뿔뿔이 흩어져 있는 여러 데이터를 다 더한 뒤 개수대로 공평하게 나누어, 집단의 전반적인 수준을 대표하는 하나의 숫자로 요약함으로써 개별 데이터의 특징은 사라지지만, 집단 전체의 흐름을 한눈에 보게 해준다.

: 시험 성적, 연봉 통계 등 - 반 성적의 평균 점수 계산, 우리나라 직장인의 평균 연봉 산출, 맛집의 별점 평점 등 데이터 뭉치를 하나의 정보로 압축할 때 사용된다.

확률을 잘못 읽으면, 통계는 미신이 된다

통계와 확률은 인간 이성이 도달한 가장 정교한 사고 도구이지만, 역설적으로 이를 오독하는 순간 우리는 과학 이전의 미신적 사고로 급격히 후퇴한다.

확률은 본래 불확실성을 관리하기 위해 만들어진 언어인데, 인간은 그 불확실성을 견디지 못해 확률에 의미를 과도하게 덧씌운다. 그 대표적인 예가 바로 도박사의 오류(Gambler's Fallacy)다.

동전을 던져 앞면이 다섯 번 연속 나왔다고 해서 다음에 뒷면이 나올 가능성이 높아지는 것은 아니다. 각 시행은 서로 독립적이며, 확률은 기억을 갖지 않는다.

그러나 인간의 뇌는 무작위 속에서도 인위적인 균형과 패턴을 찾으려 하며, 이 잘못된 직관은 카지노에서의 파산뿐 아니라 일상적 판단의 오류로 이어진다.

이러한 착각은 금융 시장에서도 반복된다. 주가가 며칠 연속 하락하면 '이제 오를 차례'라고 믿거나, 반대로 연속 상승 이후 '곧 폭락이 온다'고 확신하는 태도는 확률을 시간의 흐름 속에서 누적된 감정으로 해석한 결과다.

실제로는 각 거래일의 변동이 이전의 결과를 보상해줄 의무는 없다. 그럼에도 불구하고 사람들은 우연한 연속성을 필연의 신호로 착각하며, 통계를 예언 도구처럼 소비한다.

이 지점에서 확률은 분석의 언어가 아니라, 불안을 달래기 위한 주술이 된다.

주사위를 6번 던진다고 해서 각각의 숫자가 각각 1번씩 나올 확률이 있는 것은 아니다. 주사위를 던질 때마다 여전히 6가지 숫자 중 하나가 나올 확률이 있을 뿐이다.

의료 영역에서도 확률의 오독은 치명적인 결과를 낳는다. 특정 백신 접종 이후 드물게 발생한 부작용 사례가 집중적으로 보도되면, 사람들은 그 확률을 실제보다 훨씬 크게 인식한다. 수백만 명 중 몇 명에게 발생한 사건이 마치 필연적인 위험처럼 받아들여지는 것이다. 이는 기저율 무시(Base Rate Neglect)라는 전형적인 확률 오류로, 전체 발생 가능성보다 인

상적인 사례 하나가 판단을 지배하게 된다.

반대로 치료 성공률이 95%라는 통계 역시 개인에게는 '나머지 5%가 될 수도 있다'는 불안으로 왜곡되어 해석된다. 확률은 집단의 언어인데, 인간은 이를 개인의 운명으로 오해한다.

보험 역시 확률이 미신으로 전락하기 쉬운 영역이다. 사고 확률이

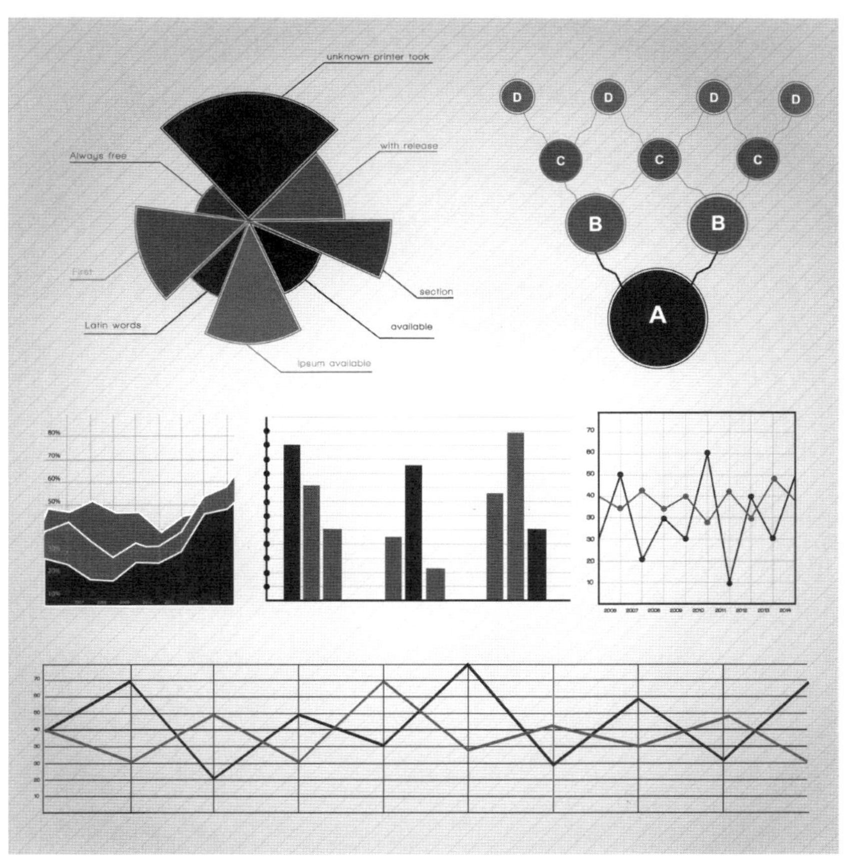

수많은 분야에서 이용하는 통계 자료들은 사실이지만 진실이 아닐 수 있다.

극히 낮은 상품에 과도한 보험료를 지불하거나, 반대로 통계적으로 명백한 위험을 '나는 괜찮을 것'이라며 무시하는 태도는 모두 확률을 자기 신념에 맞게 재해석한 결과다.

특정 해에 큰 사고가 없었다고 해서 "이제는 안전하다"고 믿거나, 반대로 한 번 사고를 겪은 후 "액땜을 했으니 앞으로는 괜찮다"고 생각하는 사고방식은 확률을 윤회나 업보처럼 취급하는 미신적 태도에 가깝다.

스포츠와 시험 결과에서도 이러한 오류는 반복된다. 연승 중인 팀은 '기세'를 탔다고 평가되고, 연패 중인 선수는 '운이 다했다'는 서사를 부여받는다. 하지만 많은 경우 이는 단기적 변동성일 뿐이며, 실력이라는 장기 평균값은 크게 변하지 않는다. 시험에서도 "이번에는 쉬웠으니 다음에는 어렵다"거나, "작년에 많이 떨어졌으니 올해는 붙을 확률이 높다"는 믿음은 통계를 자연의 보상 메커니즘으로 오해한 결과다. 확률은 도덕적 균형을 맞추지 않는다.

실제로 항공우주공학자들이 시스템 안전성을 평가할 때 가장 경계하는 것이 바로 이러한 의미 과잉 해석이다.

센서 이상이 한두 번 발생했다고 해서 즉시 결함으로 단정하지도 않고, 반대로 오랫동안 문제가 없었다고 해서 위험을 배제하지도 않는다.

그들은 우연한 변동과 구조적 결함을 구분하기 위해 반복 실험, 신뢰 구간, 유의 확률이라는 엄격한 기준을 적용한다. 만약 단편적인 통계 결과를 징조나 신호처럼 해석한다면, 우주선은 궤도를 이탈하고 시스템은 치명적인 오판에 빠질 것이다.

확률은 본질적으로 겸손을 요구하는 학문이다. 그것은 세상이 얼마나 예측 불가능한지를 인정하라고 요구하며, 인간의 직관이 얼마나 쉽게 속는지를 끊임없이 드러낸다.

우리가 통계를 미신처럼 소비하는 이유는 불확실한 미래 앞에서 확실한 답을 원하기 때문이다.

그러나 수학이 제공하는 것은 확답이 아니라, 위험과 보상을 냉정하게 저울질할 수 있는 기준이다.

확률을 올바르게 읽는다는 것은 우연을 의미 없는 소음으로 치부하는 것도, 반대로 모든 우연에 의미를 부여하는 것도 아니다. 그것은 변동성을 전제로 판단을 조정하는 태도이며, 숫자가 말해주지 않는 것까지 함께 고려하는 사고방식이다. 숫자가 주는 가짜 확신에서 벗어나 데이터의 한계와 조건을 함께 인식할 때, 통계는 비로소 미신이 아닌 이성의 도구로 기능한다.

우리는 숫자를 믿기 위해 수학을 배우는 것이 아니라, 숫자를 의심할 수 있는 힘을 갖기 위해 수학을 공부해야 한다. 그 지점에서 통계는 세상을 속이는 장치가 아니라, 불확실한 세계를 가장 정직하게 비추는 등불이 된다.

독립 사건의 확률 곱셈정리 $P(A \cap B) = P(A) \times P(B)$

과거의 결과가 미래의 확률에 영향을 주지 않는다는 '확률의 독립성'을 보여주는 공식이다. 예를 들어 주사위를 5번 던져서 계속 1이 나왔다고 해도, 6번째 던질 때 또 1이 나올 확률은 여전히 $\frac{1}{6}$이다. 앞선 결과들이 다음 결과에 아무런 영향을 주지 않는 것을 보여주는 것으로 이것을 '독립적'이라고 한다. 이 공식을 알면 '이제는 뒷면이 나올 차례야'라는 도박사의 착각에 덜 빠지게 되는데 도움이 된다.

: 게임 및 경품 설계, 품질 관리 및 사고 분석 등 - 게임 아이템이 나올 확률을 정하거나, 경품 당첨 인원을 배치할 때 이 확률 공식을 사용해 공정성을 유지하며 공장에서 불량품이 연속으로 나올 때, 이것이 우연한 겹침인지 아니면 기계의 근본적인 결함인지 판단할 때 참고되는 개념으로 이용된다.

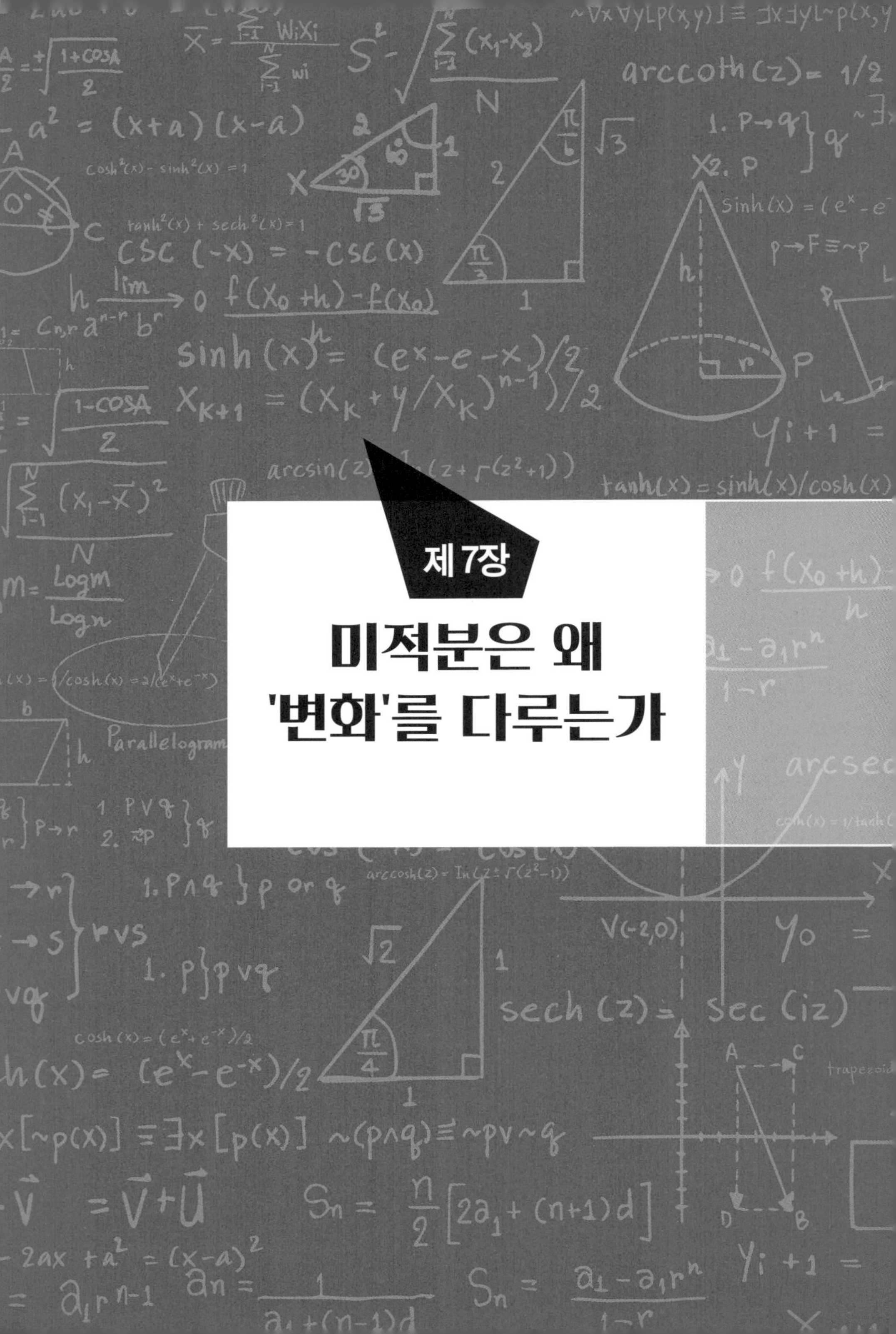

미적분은 왜 '변화'를 다루는가

미적분은 많은 사람에게 수학의 끝처럼 느껴진다. 하지만 미적분은 수학의 정점이 아니라, 아주 단순한 질문에서 시작됐다.

"계속 변하는 것을 어떻게 설명할 수 있을까?"

이 장에서는 변화를 이해하려는 인간의 시도가 미적분을 만들었다는 사실을 만나볼 수 있다.

1

미분은 무엇을 보는가

많은 이들에게 미분은 복잡한 공식과 끝없이 늘어선 기호들로 이루어진 난공불락의 장벽처럼 기억된다. 하지만 미분의 본질은 계산 기술이 아니라, '지금 이 순간, 변화는 어떤 속도로 일어나고 있는가'를 끝까지 추적하려는 인간의 집요한 시선에 있다.

고대 수학이 주로 다루었던 것은 고정된 대상, 즉 멈춰 있는 도형의 넓이나 이미 완성된 양의 크기였다.

반면 미분은 세상이 결코 멈춰 있지 않다는 사실을 정면으로 받아들이고, 움직임과 변화 그 자체를 수학의 언어로 포착하려는 시도에서 탄생했다. 이는 수학의 관심사가 '존재'에서 '과정'으로 이동한 결정적인 전환점이었다.

우리가 자동차를 운전하며 속도계를 볼 때 읽는 값은 일정 시간 동안 이동한 평균속도가 아니라, 바로 그 순간의 속도다. 이 '순간 속도'라는 개념은 상식적으로는 너무나 자연스럽지만, 수학적으로 정의하기까지는 오랜 사유의 축적이 필요했다.

미분은 전체 변화를 점점 더 짧은 시간 간격으로 쪼개어, 그 간격이 0에 가까워질 때 드러나는 변화의 핵심을 붙잡는 사고방식이다. 다시 말해, 미분은 시간을 멈추려는 시도가 아니라 시간을 무한히 잘게 나누어 흐름의 방향을 읽어내는 기술이다.

이러한 사고의 탄생 배경에는 17세기 과학 혁명의 중심에 있었던 아이작 뉴턴과 고트프리트 라이프니츠의 치열한 연구가 있다.

뉴턴은 행성의 운동과 중력이라는 문제 앞에서 "속도는 어떻게 변하는가"라는 질문을 피할 수 없었고, 이를 설명하기 위해 '유율 (fluxion)'이라는 개념을 도입했다.

라이프니츠 역시 곡선의 한 점에서의 접선을 구하는 기하학적 문제를 해결하는 과정에서, 변화의 비율을 기호로 정교하게 표현하는 방법을 완성했다.

이들이 서로 다른 출발점에서 도달한 결론은 동일했다.

자연은 연속적으로 변하며, 그 변화는 순간의 비율로 이해해야 한다는 통찰이다.

미분이 궁극적으로 바라보는 것은 '기울기'다. 그래프 위의 한 점에서의 기울기는 그 지점에서 변화가 얼마나 가파르게, 어느 방향으로 진행되고 있는지를 말해준다. 이는 단순한 수학적 값이 아니라, 변화의 성격을 요약한 정보다. 예를 들어 경제 지표가 상승하고 있다는 사실보다 중요한 것은, 그 상승 속도가 빨라지고 있는지, 둔화되고 있는지다.

미분은 바로 이 차이를 구분하게 해준다. 같은 증가라도 가속되는 증가와 감속되는 증가는 전혀 다른 미래를 암시하기 때문이다.

항공우주공학자의 작업을 떠올려보면 미분의 역할은 더욱 분명해진다.

비행체의 위치만 안다고 해서 안전한 비행이 보장되지는 않는다. 특정 순간에 비행체가 얼마나 빠르게 자세를 바꾸고 있는지, 가속도가 어느 방향으로 변하고 있는지를 실시간으로 파악

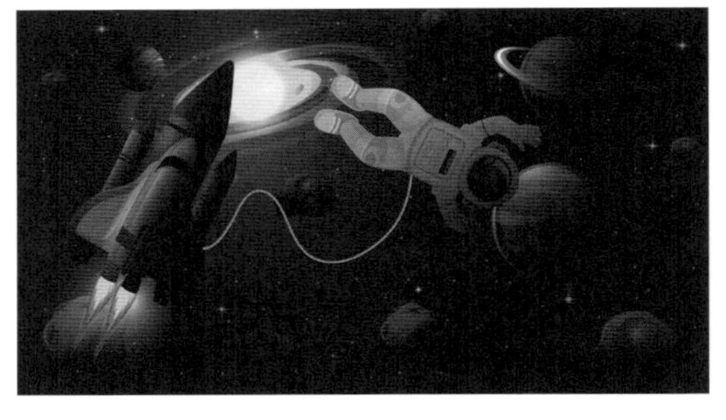

해야만 정밀한 제어가 가능하다. 이는 위치를 한 번 더 미분해 속도를 구하고, 속도를 다시 미분해 가속도를 구하는 과정 없이는 불가능하다. 그래서 미분은 단순한 계산이 아니라, 통제 가능한 미래를 만들기 위한 정보 추출의 도구다.

이러한 논리는 현대 기술 전반으로 확장된다. 인공지능이 학습 과정에서 오차를 줄여가는 방식 역시 미분에 기반한다. 손실 함수가 어느

방향으로 얼마나 변해야 성능이 개선되는지를 판단하는 과정은, 거대한 데이터 공간에서 '가장 가파르게 내려가는 방향'을 찾는 문제다.

금융 시장에서 위험 신호를 조기에 감지하는 것도, 생체 신호를 분석해 이상 징후를 포착하는 것도 모두 변화의 속도와 방향을 읽어내는 미분적 사고에 의존한다.

결국 미분을 이해한다는 것은 세상을 정지된 사진이 아니라 끊임없이 흐르는 영상으로 바라보는 관점을 갖는 것이다.

무엇이 얼마나 있는지를 묻는 질문에서 벗어나, 무엇이 어떻게 변하고 있는지를 묻기 시작하는 순간 우리는 한 단계 더 성숙한 사고의 영역에 들어선다.

미분은 변화에 휘둘리지 않기 위해 변화를 먼저 읽어내려는 인간 이성의 가장 예리한 도구이며, 세상의 맥박을 짚어 미래를 설계하려는 지적 도전의 결정체다.

$$\text{평균변화율} \quad \frac{\Delta y}{\Delta x} = \frac{f(b) - f(a)}{b - a} = \frac{f(a + \Delta x) - f(a)}{\Delta x}$$
$$(\text{단, } \Delta x = b - a)$$

처음(a)과 끝(b) 사이에서 평균적으로 얼마나 변했는지를 한눈에 보여준다. 중간에 수많은 변동이 있었더라도, 결국 시작점부터 끝점까지의 전체적인 변화 추세가 어떠했는지를 확인할 수 있다.

: 물가 상승률, 성적 변화 추이 등 - 한 달 동안의 평균 물가 상승률, 운동선수의 시즌 평균 기록 분석, 다이어트 중 일주일간의 평균 몸무게 변화를 파악할 때 사용한다.

적분은 왜 '쌓는 것'인가

미분이 순간을 잘게 쪼개어 관찰하는 현미경이라면, 적분은 그 미세한 조각들을 하나하나 포개어 전체를 복원하는 망원경이자 축적의 기술이다.

미분이 "지금 이 순간 무엇이 얼마나 변하고 있는가"를 묻는 연산이라면, 적분은 "그 변화가 지금까지 얼마나 쌓여 왔는가"를 묻는다. 그래서 적분은 늘 결과가 아니라 과정의 총합을 다룬다.

속도를 적분하면 이동거리가 되고, 소비 전력을 적분하면 총 사용 에너지가 되며, 순간적인 감정의 강도를 시간에 따라 적분하면 어떤 하루가 '유난히 힘들었던 날'로 기억된다.

적분은 단순한 계산이 아니라, 흩어진 순간들이 어떻게 하나의 의미 있는 전체를 이루는지를 설명하는 사고방식이다.

'Integral'이라는 말이 '전체, 완성, 통합'을 뜻하는 것처럼, 적분의 출발점은 언제나 불규칙함이다. 자연에는 깔끔한 직선이나 완벽한 사각형이 거의 존재하지 않는다. 구불구불한 강의 길이, 울퉁불퉁한 해안선, 사람의 심장이나 폐처럼 복잡한 형태의 장기는 단순한 공식으로 한 번에 계산할 수 없다.

이때 적분은 "이 복잡한 대상을 아주 작은 조각으로 나눈다면, 각각은 계산할 수 있지 않을까?"라는 질문에서 시작된다.

고대 이집트인이 곡선 경계의 토지를 작은 직사각형으로 쪼개어 넓이를 근사했고, 아르키메데스가 원을 다각형으로 나누어 끝없이 합산했던 이유도 바로 여기에 있다.

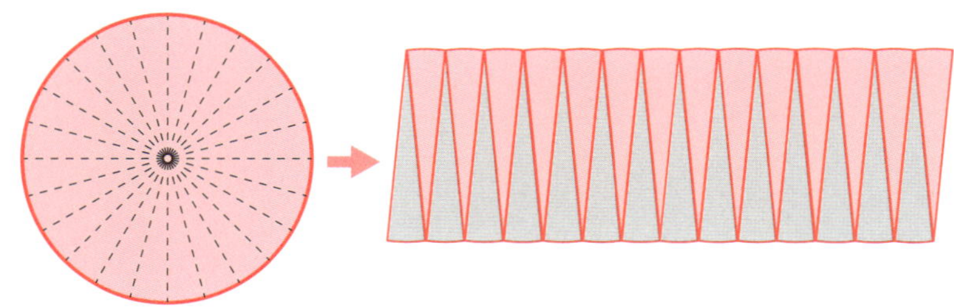

아르키메데스는 원을 끝없이 나누어 다각형으로 합산했다.

적분은 처음부터 정확함이 아니라, 정확함으로 다가가는 과정이었다.

현대 사회에서 적분은 거의 모든 '누적 현상'의 보이지 않는 계산기 역할을 한다.

예를 들어 스마트폰의 배터리 사용량을 생각해 보자. 화면이 켜진 순간, 앱이 실행된 순간마다 전력 소모율은 계속 달라진다. 하지만 사용자는 '오늘 배터리를 몇 퍼센트 썼는가'라는 하나의 결과만을 본다.

이 값은 수많은 순간적 전력 소모를 시간에 따라 쌓아 올린 적분의 결과다.

마찬가지로 전기 요금, 수도 요금, 통신 데이터 사용량은 모두 '순간 사용량 × 시간'을 누적한 적분값으로 청구된다. 우리가 매달 받는 고지서는 사실상 적분의 영수증이다.

적분의 사고는 금융과 경제에서도 핵심적인 역할을 한다. 은행 이자가 하루하루 붙는 과정을 생각해 보면, 계좌의 잔액은 어느 한 순간에 급격히 늘어나지 않는다. 아주 작은 이익들이 매일 조금씩 쌓여 결국 의미 있는 자산이 된다. 연속 복리 이자, 연금의 적립 구조, 장기 투자 수익률 계산은 모두 "미세한 이익이 시간에 따라 어떻게 축적되는가"를 모델링한 적분의 응용이다.

반대로 인플레이션이나 부채 이자 역시 부정적인 변화가 장기간 누적된 결과다. 적분은 성장뿐 아니라, 방치된 위험이 어떻게 서서히 임계점에 도달하는지도 보여준다.

의학에서는 적분이 생명과 직결된다.

약물의 혈중 농도는 한 번의 투여로 결정되지 않는다. 체내에 흡수되는 속도, 분해되는 속도, 배출되는 속도가 시간에 따라 달라지며, 이 모든 과정을 적분해야 '지금 몸속에 실제로 얼마만큼의 약이 남아 있는가'를 알 수 있다.

방사선 치료에서 환자가 받은 총 피폭량, 중환자실에서 산소 공급

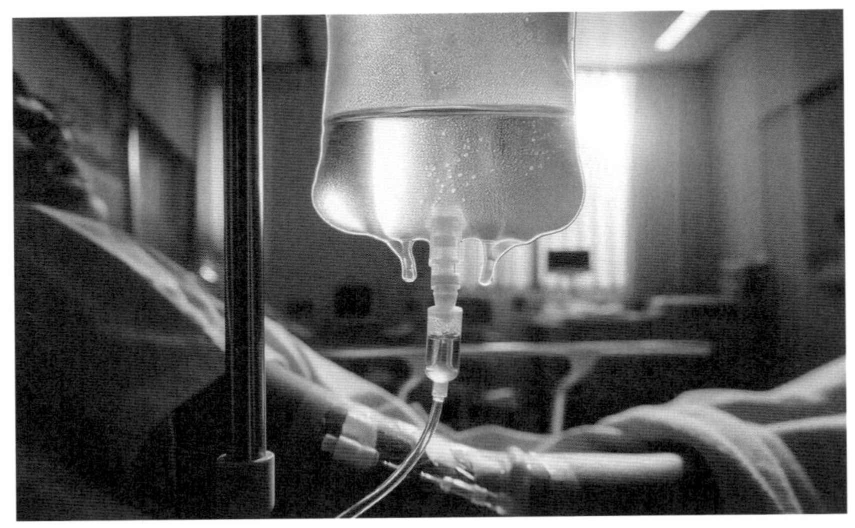

병원에서 치료를 위해 사용하는 수액이나 혈액 모두 적분을 통해 필요한 양을 정한다.

량의 누적치, 하루 동안 심장이 펌프질한 총 혈액량 역시 모두 적분의 결과다. 의사는 한 순간의 수치보다, 그 수치가 얼마나 오래 지속되었는지를 더 중요하게 본다.

적분은 생리학에서 '총 부담량'을 계산하는 언어다.

모든 수학의 보고라고 할 수 있는 항공우주공학 분야에서는 적분의 의미가 더욱 극단적으로 드러난다.

로켓의 추력은 발사 순간부터 연소 종료까지 계속 변한다. 하지만 궤도에 오를 수 있는지는 특정 순간의 최대 추력이 아니라, 전체 연소 시간 동안 누적된 '총 충격량'에 달려 있다. 이는 힘을 시간에 대해 적분한 값이다.

마찬가지로 인공위성이 태양 복사를 통해 받는 에너지, 미세한 공기 저항으로 잃는 운동량, 자세 제어를 위해 사용한 연료의 총량은 모두 순간 변화의 누적 결과다.

우주공학에서 적분을 잘못 계산한다는 것은, 작은 오차들이 쌓여 결국 수천 킬로미터의 궤도 이탈로 이어질 수 있음을 의미한다.

적분은 물리적 세계를 넘어 정보 사회에서도 작동한다. 하루 동안 본 뉴스 기사 수, SNS에서 받은 자극의 총량, 업무 시간 중 집중한 시간의 누적치는 모두 연속적인 경험의 합이다. 번아웃은 어느 한 순간의 과로가 아니라, 회복되지 않은 피로가 장기간 적분된 결과로 나타난다.

반대로 실력 향상 역시 하루의 미미한 연습량이 수개월, 수년간 누적된 결과다. 적분은 '왜 오늘은 아무 변화가 없는 것처럼 보이는데, 어느 날 갑자기 결과가 나타나는가'에 대한 가장 정직한 설명이다.

결국 적분을 배운다는 것은 세상이 단절된 사건들의 집합이 아니라, 연속적인 흐름 위에 세워진 구조임을 이해하는 일이다.

눈에 띄는 한 번의 성과보다 보이지 않는 축적을 신뢰하는 사고, 순간의 수치보다 누적된 영향을 읽어내는 관점이 바로 적분적 사고다.

우리는 적분을 통해 결과를 예측하는 법을 배우는 것이 아니라, 시간이 어떻게 의미를 만들어 내는지를 배운다.

그렇게 볼 때 적분은 단순한 계산 기법이 아니라, 세상의 작동 원리를 겸손하게 받아들이는 지적 태도이며, 작은 것들이 어떻게 모여 현실을 형성하는지를 설명하는 가장 강력한 언어다.

정적분으로 넓이 구하는 공식 $S = \int_a^b |f(x)|\, dx$

아주 얇은 조각들을 하나하나 정성스럽게 쌓아서 전체 크기(넓이)를 알아내는 공식이다. 불규칙한 모양의 땅이나 울퉁불퉁한 밭처럼, 한 번에 구하기 힘든 전체 면적을 구할 때 쓴다.

: 건축 설계, 2D 그래픽 등-복잡한 곡선 형태의 건물 바닥 면적 계산, 영화 CG에서 캐릭터의 2D 평면 넓이 계산, 위성 영상에서 특정 구역의 면적 측정 등에 활용되는 필수적인 공식이다.

3

변화의 '속도'를 다루는 수학, 미적분

미적분을 관통하는 단 하나의 핵심 개념을 꼽으라면, 그것은 단연 '변화율(Rate of Change)'이다.

수학이 오랫동안 다루어 온 것은 고정된 값과 완성된 형태였지만, 변화율이라는 개념이 등장하면서 숫자는 비로소 시간 속으로 들어왔다. 이제 '얼마인가'만 묻지 않고, '얼마나 빠르게 변하고 있는가'를 묻기 시작한 것이다.

온도가 몇 도인가보다 중요한 것은 지금 기온이 오르고 있는지 내려가고 있는지이며, 자산의 규모보다 중요한 것은 그 증가 속도가 가속되고 있는지 둔화되고 있는지다.

변화율은 정적인 세계를 움직이는 세계로 바꾸어 놓았다.

우리는 이미 변화율의 언어 속에서 살아간다. 뉴스에 등장하는 경제 지표의 대부분은 절대값이 아니라 '율'이다.

GDP 성장률, 실업률, 물가 상승률은 현재의 상태보다 방향과 속도를 보여준다.

물가가 비싸다는 사실보다 더 중요한 것은 물가가 얼마나 빠르게 오르고 있는가이며, 그 속도가 빨라지고 있는지 느려지고 있는지다.

변화율이 양수에서 음수로 바뀌는 순간, 사회의 분위기와 정책의 방향은 완전히 달라진다. 미분은 바로 이 '방향 전환의 순간'을 포착하는 도구다.

자연과학에서 변화율은 생존과 직결된다. 감염병 확산에서 핵심 지표는 누적 확진자 수가 아니라 감염 재생산지수와 증가율이다. 하루 확진자가 많더라도 증가율이 감소하고 있다면 유행은 정점을 지나고 있다는 신호로 해석된다.

반대로 숫자가 아직 크지 않아도 증가율이 기하급수적으로 커지고 있다면, 이는 곧 폭발적인 확산을 예고한다. 방역 정책은 언제나 '현재의 수치'가 아니라 '변화율의 추세'를 기준으로 설계된다. 미분적 사고는 눈앞의 숫자에 속지 않고, 그 뒤에서 작동하는 역학을 읽어낸다.

공학 시스템에서는 변화율을 놓치는 순간 사고가 발생한다. 자동차의 속도계는 현재 속도를 보여주지만, 운전자가 실제로 체감하는 위험은 가속도, 즉 속도의 변화율이다. 급가속이나 급감속이 사고로 이어지는 이유는 변화율이 인간과 기계의 반응 한계를 초과하기 때문이다. 고속열차, 항공기, 엘리베이터 설계에서 승객의 쾌적함과 안전을 좌우하는 것도 최대 속도가 아니라 가속도의 크기와 변화 패턴이다. 그래서 변화율은 '얼마나 빠른가'보다 '얼마나 갑자기 바뀌는가'를 관리하는 개념이다.

항공우주공학 분야에서 변화율은 더욱 엄격한 의미를 갖는다. 로켓 엔진의 온도, 압력, 진동 수치는 허용 범위 안에 있더라도, 그 변화율이 비정상적으로 커지는 순간 시스템 이상으로 판단된다. 실제 사고 분석에서 '수치가 임계값을 넘었는가'보다 더 중요한 질문은 '그 수치가 얼마나 빠르게 치솟았는가'다.

피로 균열, 재료의 열화, 전자 부품의 오작동은 모두 서서히 누적되다가 특정 시점에서 변화율이 급변하며 파국으로 이어진다. 엔지니어는 결과가 아니라, 결과로 향하는 속도를 감시한다.

변화율의 사고는 인간의 행동과 심리에도 그대로 적용된다. 학습에서 실력은 하루 공부 시간의 총합보다 이해도의 증가 속도에 더 민감하다.

처음에는 변화율이 크다가 점점 완만해지는 구간이 오며, 이때 많은 사람들이 '성장이 멈췄다'고 착각한다. 그러나 실제로는 변화율이 낮아졌을 뿐, 여전히 실력은 증가 중이다.

반대로 번아웃은 어느 날 갑자기 찾아오는 것이 아니라, 회복 속도보다 피로 누적 속도가 더 빨라지는 시점에서 시작된다. 삶의 위기 신호는 절대적인 상태가 아니라 변화율의 불균형에서 발생한다.

현대 인공지능 역시 변화율 위에 세워진 기술이다. 딥러닝에서 핵심 알고리즘인 경사하강법은 오차 함수의 기울기, 즉 변화율을 따라 이동하는 과정이다. 인공지능은 정답을 안다기보다, 오답이 얼마나 빠르게 줄어드는지를 계산하며 학습한다.

오차의 변화율이 0에 가까워지는 지점이 바로 최적해이며, 이는 미분이 없으면 정의조차 불가능한 개념이다.

오늘날의 AI는 데이터를 쌓는 적분의 산물이지만, 그 학습 방향을 결정하는 나침반은 언제나 변화율이다.

미적분학의 기본 정리는 이 모든 사고를 하나로 묶는다. 순간의 변화율을 쌓으면 전체 변화가 되고, 전체 변화의 구조를 알면 다시 순간의 변화율을 복원할 수 있다는 이 정리는, 세계가 단절된 사건의 나열이 아니라 연속적인 흐름임을 증명한다.

우리는 결과만 보고 판단하기보다, 그 결과로 향하는 속도와 방향을 읽어야 한다. 변화율을 이해한다는 것은 단순히 수학 공식을 아는 것이 아니라, 세상이 어디로 가고 있는지를 한 발 앞서 감지하는 능력을 갖는 일이다.

결국 변화율이라는 생각은 인간을 기록자의 자리에서 설계자의 자리로 이동시켰다. 숫자를 나열하는 데서 멈추지 않고, 그 숫자가 어떻게 움직이는지를 이해하는 순간 우리는

미래를 예측하고 개입할 수 있게 된다.

세상의 맥락을 읽는다는 것은 정지된 값이 아니라, 그 아래에서 끊임없이 흐르는 변화율의 패턴을 읽어내는 일이다. 미적분은 그 흐름을 보게 하는 언어이며, 변화율은 그 언어의 가장 핵심적인 문법이다.

미적분의 기본 정리(제1정리) $\dfrac{d}{dx}\displaystyle\int_a^x f(t)\,dt = f(x)$

미분으로 구한 순간의 변화가 쌓여 적분이라는 전체 결과가 된다. 이 결과는 다시 피드백을 통해 미분으로 복원되는 역연산 관계를 이루는 공식이다.

: 자율주행차, 로봇 궤도 제어 등 - 자율주행 시스템에서는 현재 속도(미분)를 적분하여 주행 거리를 예측하고, 실제 궤적과의 차이를 확인(피드백)해 다시 속도를 조절(미분)함으로써 사고를 예방하는 데 활용된다.

일상생활에서 미적분이 쓰이는 이유

미적분은 교실 안에서만 존재하는 수학 개념이 아니다. 오히려 미적분은 교과서 밖에서 더 활발하게 작동하며, 우리가 인식하지 못하는 사이에 일상의 거의 모든 선택과 시스템을 지탱하고 있다.

우리가 미적분을 배웠음에도 "이게 내 삶과 무슨 상관이 있나"라는 질문을 던지게 되는 이유는, 미적분이 현실에서 사라졌기 때문이 아니라 너무 완벽하게 스며들어 보이지 않게 되었기 때문이다. 공기가 늘 곁에 있기에 그 존재를 의식하지 않듯, 미적분 역시 현대 사회의 기본 조건이 되어버렸다.

미적분이 일상에서 필연적으로 등장하는 이유는 세상이 정지해 있지 않기 때문이다. 가격은 오르고 내리고, 체온은 변하며, 사람의 감정과 선택 역시 시간에 따라 미묘하게 달라진다. 이러한 변화는 계단식으로 튀지 않고 대부분 연속적으로 일어난다. 미적분은 바로 이 '연속적인 변화'를 다루기 위해 탄생한 수학이다. 단순히 얼마가 되었는지를 묻는 대신, 얼마나 빠르게 변하고 있는지, 그리고 그 변화가 지금까지 얼마나 쌓였는지를 동시에 사고하게 만든다. 이 사고방식이 필요한 순간은 우리가 생각하는 것보다 훨씬 많다.

예를 들어, 스마트폰의 배터리 관리 시스템은 단순히 남은 배터리의 양만을 보지 않는다. 사용자가 영상을 보고 있는지, 게임을 하는지, 화면 밝기는 어떤지에 따라 전력 소모의 변화율을 실시간으로 계산하고, 그 변화가 앞으로 얼마나 누적될지를 예측한다.

이 예측을 바탕으로 시스템은 성능을 조절하거나 알림을 띄운다. 이는 배터리라는 '양'을 관리하는 문제가 아니라, 소모 속도라는 변화율과 그 누적 효과를 동시에 고려하는 미적분적 판단의 결과다.

교통 시스템 역시 마찬가지다. 내비게이션은 단순히 현재 정체 여부만을 보여주지 않는다. 차량의 증가 속도, 평균 이동 속도의 감소

율, 특정 구간에서 정체가 악화되는 추세를 분석해 앞으로의 상황을 예측한다.

여기서 중요한 것은 '지금 막히는가'가 아니라 '얼마나 빠르게 막혀가고 있는가'다. 이는 전형적인 미분적 질문이다. 동시에, 특정 시간 동안 누적될 지연 시간을 계산해 가장 효율적인 경로를 제시하는 것은 적분의 역할이다.

미적분은 이렇게 시간의 흐름 속에서 판단을 가능하게 만든다.

경제 영역에서 미적분의 역할은 더욱 두드러진다. 물가 상승률, 금리 변화, 실질 소득의 감소는 모두 변화율의 문제다. 사람들은 종종 '물가가 올랐다'는 사실만을 체감하지만, 정책을 설계하는 입장에서는 물가가 얼마나 빠르게 오르고 있는지가 핵심이다.

상승 속도가 완만한지, 가속되고 있는지에 따라 대응은 완전히 달라진다.

기업 역시 매출의 총합보다, 매출 증가율이 둔화되는 순간을 더 예민하게 감지한다. 변화율이 꺾이는 지점은 곧 전략 수정의 신호이기 때문이다. 이는 미적분이 단순한 계산이 아니라 의사결정의 언어임을 보여준다.

의료 분야에서도 미적분은 인간의 생명과 직결된다. 심박 수 자체보다 중요한 것은 심박 수의 변동성이다. 같은 평균 심박 수를 가진 두 사람이라도, 변화의 패턴이 다르면 건강 상태는 전혀 다르게 평가된다.

혈당 관리 역시 순간 수치보다 시간에 따른 누적 노출량이 중요하다. 이는 단일 수치로는 포착되지 않으며, 변화의 흐름을 적분적으로 이해해야만 드러난다.

미적분은 몸이라는 복잡한 시스템을 단편적인 숫자가 아니라 연속적인 과정으로 바라보게 만든다.

현대 기술의 핵심 개념인 '최적화' 또한 미적분 없이는 성립하지 않는다. 스마트 가전이 과하게 작동하거나 멈추지 않고 부드럽게 돌아가는 이유는, 상태의 변화율(미분)과 누적된 오차(적분)를 실시간으로 계산해 목표 지점에 안정적으로 수렴하도록 제어하기 때문이다.

예를 들어, 전기밥솥은 단순히 열을 가하는 것이 아니라 쌀의 양과 내부 압력에 따른 온도 변화를 미분하여 화력을 조절함으로써 밥이 타지 않게 한다.

또한 드럼세탁기는 세탁물이 한쪽으로 쏠릴 때 발생하는 진동의 변화율을 계산해 모터 속도를 정밀하게 제어한다. 너무 빠르게 반응하면 기계에 무리가 가고, 너무 느리면 균형을 잡지 못해 소음이 커진다. 이 최적의 균형점은 직관이 아니라 수학적으로 계산된다. 미적분은 시스템이 스스로 균형을 찾도록 설계하는 도구다.

우리는 흔히 미적분을 어려운 수학으로 기억하지만, 사실 미적분은 인간이 복잡한 세계를 다루기 위해 만들어낸 가장 실용적인 사

현대인의 생활 속 모든 가전제품들 역시 미적분의 영향을 받고 있다.

고 틀이다.

변화하는 것을 변화하는 그대로 이해하고, 그 결과를 예측 가능한 형태로 다루기 위해 인류는 미적분을 선택했다.

미적분을 배운다는 것은 문제집을 푸는 기술을 익히는 것이 아니라, 세상이 어떻게 움직이고 어디에서 균형이 무너지는지를 읽는 법을 배우는 일이다.

결국 일상에서 미적분이 쓰이는 이유는 단 하나다. 우리의 삶이 정지된 결과가 아니라, 끊임없는 과정이기 때문이다. 미적분은 그 과정을 인간의 이해 범위 안으로 끌어들이는 도구다. 변화 앞에서 막연한 불안에 머무르지 않고, 그 변화의 속도와 누적을 계산해 판단할 수 있게 만드는 것. 그것이 미적분이 오늘날까지 살아남았고, 앞으로도 사라지지 않을 이유다.

$$\text{순간속도} \quad v(t) = \frac{dx}{dt} \ (t:\text{시간},\ x:\text{위치})$$

아주 짧은 순간 동안 값이 어떻게 변하는지 그 변화의 속도를 찾아내는 공식이다. 달리는 차의 속도계가 매 순간 변하는 것처럼, 전체적인 흐름 속에서 딱 그 찰나에 무슨 일이 일어나는지를 찾아낸다.

: 과속 단속, 주가 급변 분석 등 - 자동차 과속 단속 카메라(순간 속도 측정), 비행기의 실시간 경로 수정, 주식 시장에서 값이 급변하는 타이밍을 포착할 때 사용된다.

🔴 참고도서

《수학의 언어》 케이스 데블린 지음 전대호 옮김 **해나무**

《수학이 필요한 순간》 김민형 지음 **인플루엔셜**

《페르마의 마지막 정리》 사이먼 싱 지음 박병철 옮김 **영림카디널**

《0의 발견》 요시다 요이치 지음 정구영 옮김 **사이언스북스**

《기하학 세상을 설명하다》 조던 엘렌버그 지음 장영재 옮김 **브론스테인**

《신은 주사위 놀이를 하지 않는다》 데이비드 핸드 지음 전대호 옮김 **더퀘스트**

《미적분의 힘》 스티븐 스트로가츠 지음 이충호 옮김 **해나무**

《한 권으로 끝내는 수학》 패트리샤 반스 스바니, 토머스 E. 스바니 공저 오혜정 옮김 **지브레인**

《중등 수학 공식 100》 박구연 지음 **지브레인**

《통계의 거짓말》 게르트 보스바흐, 옌스 위르겐 코르프 공저 강희진 옮김 **지브레인**

🔴 이미지 저작권